LES EUCALYPTUS

AIRE GÉOGRAPHIQUE DE LEUR INDIGÉNAT ET DE LEUR CULTURE

HISTORIQUE DE LEUR DÉCOUVERTE

DESCRIPTION
DE LEURS PROPRIÉTÉS FORESTIÈRES, INDUSTRIELLES, ASSAINISSANTES, MÉDICINALES, ETC.

GUIDE
THÉORIQUE ET PRATIQUE DE LEUR CULTURE

Avec figures intercalées dans le texte et une Carte de la Tasmanie.

PAR

FÉLIX SAHUT

VICE-PRÉSIDENT DE LA SOCIÉTÉ D'HORTICULTURE ET D'HISTOIRE NATURELLE DE L'HÉRAULT,
PRÉSIDENT DE LA SECTION DE GÉOGRAPHIE PHYSIQUE
DE LA SOCIÉTÉ LANGUEDOCIENNE DE GÉOGRAPHIE, ETC., ETC.

MONTPELLIER
CAMILLE COULET, LIBRAIRE-ÉDITEUR
LIBRAIRE DE LA BIBLIOTHÈQUE UNIVERSITAIRE, DE L'ÉCOLE NATIONALE
D'AGRICULTURE ET DE L'ACADÉMIE DES SCIENCES ET LETTRES,
GRAND'RUE, 5.

PARIS
A. DELAHAYE & E. LECROSNIER, LIBRAIRES-ÉDITEURS
23, Place de l'École-de-Médecine.
1888

LES

EUCALYPTUS

PRINCIPAUX OUVRAGES DU MÊME AUTEUR.

1° Les Vignes Américaines, leur greffage et leur taille ; étude raisonnée de la possibilité de reconstituer les vignobles et des moyens de défense pour les conserver. — Troisième édition considérablement augmentée ; 1 volume in 12 de 782 pages avec 79 figures intercalées dans le texte ; 1887.

Prix.. 6 fr. »

Franco par la poste.................................. 6 fr. 90

Ouvrage couronné par la Société Nationale d'Agriculture de France, par la Société Nationale d'Acclimatation et par la Société d'Horticulture de la Gironde.

2° De l'Adaptation des Vignes Américaines au sol et au climat. — Conférence faite le 22 octobre 1887 au Congrès agricole et viticole de Toulouse. — 1 brochure grand in-18, 80 pages environ (Sous presse, pour paraître fin janvier 1888.................................. 1 fr. 25

Franco par la poste.................................. 1 fr. 50

3° Quelques mots sur la Conservation et la Reconstitution des vignobles. — Deuxième édition ; en préparation.

4° Le lac Majeur et les iles Borromée ; leur climat caractérisé par leur végétation. — Troisième édition ; en préparation.

5° La Jaunisse ou Chlorose des vignes. — Brochure grand in-8° raisin. — Troisième édition; en préparation.

6° Notice biographique sur J. Duval-Jouve. — Avec l'énumération de ses Travaux scientifiques. — Brochure in-8° de 32 pages, 1885.

Prix.. 2 fr. »

Franco par la poste.................................. 2 fr. 20

7° Les Eucalyptus ; historique de leur découverte, description de leurs propriétés forestières, industrielles, assainissantes, médicinales, etc ; guide théorique et pratique de leur culture. Un volume grand in-8° raisin de 212 pages, avec figures dans le texte et une carte de Tasmanie.

Prix.. 4 fr. »

Franco par la poste.................................. 4 fr. 60

Montp. — Typogr. Charles Boehm.

LES
EUCALYPTUS

AIRE GÉOGRAPHIQUE DE LEUR INDIGÉNAT ET DE LEUR CULTURE

HISTORIQUE DE LEUR DÉCOUVERTE

DESCRIPTION
DE LEURS PROPRIÉTÉS FORESTIÈRES, INDUSTRIELLES, ASSAINISSANTES, MÉDICINALES, ETC.

GUIDE
THÉORIQUE ET PRATIQUE DE LEUR CULTURE

Avec figures intercalées dans le texte et une Carte de la Tasmanie.

PAR

FÉLIX SAHUT

VICE-PRÉSIDENT DE LA SOCIÉTÉ D'HORTICULTURE ET D'HISTOIRE NATURELLE DE L'HÉRAULT,
PRÉSIDENT DE LA SECTION DE GÉOGRAPHIE PHYSIQUE
DE LA SOCIÉTÉ LANGUEDOCIENNE DE GÉOGRAPHIE, ETC. ETC.

MONTPELLIER
CAMILLE COULET, LIBRAIRE-ÉDITEUR
LIBRAIRE DE LA BIBLIOTHÈQUE UNIVERSITAIRE, DE L'ÉCOLE NATIONALE
D'AGRICULTURE ET DE L'ACADÉMIE DES SCIENCES ET LETTRES,
GRAND'RUE, 5.

PARIS
A. DELAHAYE & E. LECROSNIER, LIBRAIRES-ÉDITEURS
23, Place de l'École-de Médecine.
1888

(Extrait du Bulletin de la *Société Languedocienne de Géographie.*)

INTRODUCTION

Les habitants des pays du Nord qui viennent contempler le ciel bleu de la Provence et se réchauffer aux tièdes rayons de son beau soleil, sont frappés d'admiration en présence de la flore exotique et particulièrement tropicale qu'ils rencontrent partout dans les squares et les promenades des nombreuses stations d'hiver de notre littoral. Alors que chez eux, sous l'influence de précoces frimas, les arbres déjà dépouillés de leurs feuilles se dressent tristes et nus comme des squelettes, ici, dans cette contrée privilégiée, la végétation ne connaît pas d'hiver; elle continue toujours à fournir aux jardins leurs plus belles parures de feuilles et de fleurs.

Celui qui jouit pour la première fois de ce charmant spectacle donné par une nature toujours souriante dans un printemps perpétuel, est émerveillé constamment par tout ce qui s'offre à ses regards étonnés; il ne se lasse pas d'admirer cette multitude d'espèces végétales, originaires pour la plupart des régions intra-tropicales et se développant ici en plein air, alors qu'il les avait vues jusque-là enfermées soigneusement dans les serres chauffées du pays qu'il vient de quitter. Il rencontre un peu partout le Dattier au tronc élancé des oasis de la Tunisie et celui des îles Canaries, dont la tige puissante supporte une tête fournie abondamment de longues feuilles vertes; puis, les Cocotiers, les Aréquiers et une foule d'autres espèces de Palmiers aux formes élégantes, qui contribuent, par leur profusion dans toute la région littorale, à donner un cachet éminemment tropical à l'ensemble d'une végétation ainsi caractérisée. Ce sont ensuite les Orangers et les Citronniers, les Fougères et les Cycadées, les Yucca et les Dracœna, les Bananiers et les Bambous, les Lauriers et les Camphriers, les Cactées et les Agave, les Bibaciers et les Caroubiers. Ce sont enfin cette multitude d'espèces d'Acacia et de Mimosa au feuillage si fin et si léger, fournissant une floraison fort abondante pendant tout l'hiver, ainsi que les autres végétaux de la Nouvelle-Hollande introduits depuis peu, et qui remplissent déjà les jardins de la Provence et de la Ligurie.

Parmi ces derniers, l'Eucalyptus, désigné aussi sous le nom de Gommier australien, est bien certainement, de tous les arbres exotiques ainsi dépaysés, celui qui excite le plus l'étonnement par la rapidité de sa croissance, ses proportions gigantesques, la diversité très grande de son port et de son feuillage. Il est déjà si répandu qu'on le rencontre à chaque pas sur les places publiques, dans tous les jardins, et il commence même à être utilisé comme essence forestière.

Les espèces d'Eucalyptus, déjà fort nombreuses, qui ont été successivement introduites, sont très variables de forme et d'aspect et diffèrent encore les unes des autres par leurs feuilles ou par leurs fleurs et leurs fruits. Aussi est-il intéressant de connaître l'origine de cet arbre, l'historique de son introduction, les usages divers auxquels on peut utiliser son bois, son écorce, ses feuilles, etc., et les services de toute nature qu'il est appelé à nous rendre pour le reboisement de nos forêts, pour combattre l'influence paludéenne et fournir à la thérapeutique des médicaments dont on apprécie de plus en plus le mérite.

C'est ce qui a été essayé de décrire et d'examiner dans cet ouvrage, à propos de l'Eucalyptus, qui sera désormais le compagnon inséparable des hôtes de nos stations d'hiver et l'espoir des nouveaux colons pour l'assainissement de leurs installations dans les pays lointains.

Les chapitres consacrés à l'indigénat de cet arbre décrivent aussi les diverses régions de la Nouvelle-Hollande, de la Tasmanie, de la Nouvelle-Guinée et des îles avoisinantes, dans lesquelles on le trouve abondamment et qui sont si intéressantes à tous égards, quoique encore peu connues des Européens; ils signalent le progrès excessivement rapide de la colonisation dans ces contrées éloignées, situées à nos antipodes et peuplées de forêts d'Eucalyptus. L'auteur examine ensuite la climatologie spéciale de chacune des espèces, le degré de possibilité de leur acclimatation par sélection, l'importance forestière de leur propagation et les nombreux usages auxquels l'industrie a trouvé à les employer ; il termine enfin par des considérations de diverse nature qui par leur ensemble constituent une étude théorique et pratique de la culture des Eucalyptus, pouvant faciliter les expérimentateurs désireux d'en faire de nouvelles plantations.

Montpellier, le 5 janvier 1888.

Eucalyptus obliqua

la première espèce qui ait été découverte en 1788 (Voir pag. 8, 19 et 30).

LES EUCALYPTUS

AIRE GÉOGRAPHIQUE DE LEUR INDIGÉNAT ET DE LEUR CULTURE

La Géographie botanique, cette intéressante subdivision de la science qui nous enseigne les lois présidant à la distribution des végétaux sur toute l'étendue de notre globe, avait été déjà pressentie et on peut même dire définie par Tournefort, Linné et Buffon. Toutefois, la Géographie botanique n'a été réellement appliquée à une région déterminée que dans la seconde moitié du dernier siècle.

Dans son *Histoire naturelle de la France méridionale*, publiée en 1782, l'abbé Giraud-Soulavie consacre la moitié d'un volume à la topographie des plantes de la région comprise entre la Méditerranée et le sommet des Cévennes ou du Vivarais, dont le point culminant, le mont Mezenc, s'élève à 1,754 mètres au-dessus du niveau de la mer. « Pour lui », ainsi que le constate M. Charles Martins [1], « la Géographie botanique fut une révélation intuitive. Né auprès de ces montagnes et encore enfant, une mère éclairée, voulant ranimer sa santé chancelante par l'air vivifiant des sommets, lui montrait, en le soutenant dans ses bras, la succession des zones qu'ils traversaient ensemble. Cet enseignement maternel s'était gravé dans son esprit, et il en fit le sujet de l'une des parties les plus intéressantes de son ouvrage. Après avoir prouvé que le climat est d'autant plus rigoureux qu'on s'élève davantage, Soulavie distinguait déjà cinq zones de végétation étagées l'une au-dessus de l'autre et caractérisées chacune, d'abord

[1] *La Géographie botanique et ses progrès.* (*Revue des Deux-Mondes*, 1er octobre 1856.)

par l'Oranger et bientôt après l'Olivier, puis la Vigne avec le Mûrier, ensuite les Châtaigniers, et enfin les Sapins et les plantes Alpines. Frappé de l'influence prédominante du climat, il ne méconnut pas celle du sol, qu'il fit ressortir en examinant comparativement la végétation des roches granitiques, calcaires ou volcaniques qui forment le relief des montagnes du Vivarais.» C'était bien là une première application des véritables principes qui ont constitué plus tard la Géographie botanique, telle que nous la comprenons de nos jours.

Quelques années après, un anglais, Arthur Young, visitant la France très en détail, a distingué les climats si divers que notre patrie doit à sa situation géographique et au relief de son sol. Comme le dit avec raison M. Ch. Martins, « ce que Giraud-Soulavie avait si heureusement accompli pour le Languedoc, Young le fit après lui pour le royaume tout entier ».

A la suite de Giraud-Soulavie et de Young, d'autres géographes botanistes ont remarqué des faits analogues venant à l'appui des idées déjà émises par leurs prédécesseurs. Benedict de Saussure dans les Alpes et Louis Ramond dans les Pyrénées firent des observations intéressantes sur la topographie botanique de ces montagnes ; mais c'est Alexandre de Humboldt qui a véritablement établi les bases scientifiques de la Géographie botanique. Dans ses ouvrages, il généralise et précise en même temps les lois climatologiques entrevues par Arthur Young. Cette même échelle de végétation que Giraud-Soulavie avait tracée sur la pente des humbles Cévennes, Humboldt l'étend au Chimborazo et aux versants des Cordillères, au Caucase et aux Pyrénées, aux Alpes suisses et aux montagnes de la Laponie. Il déterminait ainsi les principes qui établissent l'aire géographique de dissémination des diverses espèces de végétaux sur la surface de la terre.

Bientôt après, Pyramus de Candolle, dans la *Flore française* et dans le *Dictionnaire des Sciences naturelles*, indiquait les lois qui régissent la Géographie botanique. Il considérait, chez les végétaux, les rapports qui existent entre la latitude du lieu d'où ils sont originaires et la hauteur à laquelle ils vivent au-dessus du niveau de la mer. Il caractérisait ainsi la végétation de chacune des contrées dont il décrivait les espèces. On peut considérer ses remarquables travaux sur la Géographie botanique comme le véritable programme d'un livre dont son fils devait doter la science vingt-cinq années plus tard. Après lui, un savant danois, M. Schouw [1], un botaniste paléontologiste autrichien, M. Unger [2], et surtout le regretté Henri Lecoq dans ses *Études sur la Géographie botanique de l'Europe*, ont contribué, chacun pour leur part, à établir aussi les véritables principes de cette intéressante partie de la science. Mais c'est plus particulièrement à M. Alphonse de Candolle que nous sommes redevables de l'ouvrage le plus remarquable publié sur cette matière; sa *Géographie botanique raisonnée* restera comme un phare que la science moderne ne devra pas perdre de vue dans les nouvelles recherches qui seront ultérieurement entreprises.

Nous avons cru devoir faire précéder de ce préambule ce que nous avions plus particulièrement à dire sur l'*Eucalyptus*. Il nous a semblé que la Société Languedocienne de Géographie serait heureuse de constater avec nous un fait intéressant qui ressort, avec évidence, des explications que nous venons de donner. La Géographie botanique, en effet, est justement d'invention méridionale, et c'est dans notre Languedoc qu'elle a pris réellement naissance. Il est donc tout naturel qu'elle ait trouvé sa place comme une forme de la Géographie physique dans le programme que s'est tracé notre Société.

I.

Il y a cent ans à peine, les *Eucalyptus* étaient encore absolument inconnus des Européens. Ce fut seulement en 1788 qu'un botaniste français, L'Héritier, découvrit pour la première fois dans l'île de Van-Diemen, appelée aussi Tasmanie, ces arbres gigantesques qui excitèrent vivement sa curiosité ; il leur donna

[1] *Die Erde, die Pflanzen und der Mensch* (La terre, les plantes et l'homme. Leipzig, 1851).

[2] *Le monde primitif à ses différentes époques de formation*. Vienne, 1851.

le nom d'*Eucalyptus* et en décrivit bientôt après la première espèce sous le nom d'*Eucalyptus obliqua*. Quatre années plus tard, la principale espèce du genre, celle qui est encore aujourd'hui la plus connue, l'*Eucalyptus Globulus*, fut trouvée également dans la Tasmanie, le 6 mai 1792, par La Billardière, qui avait été envoyé à la recherche de l'infortuné La Pérouse. Depuis cette époque, un assez grand nombre d'autres espèces ont été successivement découvertes par les nombreux explorateurs qui ont parcouru et visité les côtes de la Nouvelle-Hollande ainsi que l'île de Van-Diemen, et dont quelques-uns ont pu pénétrer assez avant dans l'intérieur des terres.

On suppose que c'est dans les serres de la Malmaison, près Paris, que l'Eucalyptus a été cultivé pour la première fois en France. Les botanistes qui avaient découvert jusque-là plusieurs espèces de cet arbre avaient apporté des échantillons d'herbier avec fleurs et fruits, mais n'avaient sans doute pas encore essayé d'en semer les graines. Toujours est-il que Bonpland décrivait en 1813, sous le nom d'*Eucalyptus diversifolia*, un arbre qui fleurissait alors à la Malmaison, où il était cultivé depuis quelques années. Nous ne connaissons aucun renseignement pouvant nous faire supposer que l'Eucalyptus ait été cultivé à une époque antérieure. La plante de Bonpland peut donc vraisemblablement être considérée comme étant le premier Eucalyptus dont les graines aient été introduites en France et même probablement en Europe. Il paraît aussi que, vers la même époque, le jardin botanique de la Marine, à Saint-Mandrier, près Toulon, avait reçu de la Malmaison quelques jeunes Eucalyptus, ainsi que le constate une note de M. Robert, alors directeur de ce jardin[1]. Ces arbres ne durent pas prospérer ou bien ne furent pas conservés, car ils n'existaient déjà plus, longtemps avant que des constructions eussent chassé la plupart des végétaux très remarquables dont ce jardin était rempli.

Quoi qu'il en soit, on peut dire que, jusqu'en 1860, l'Euca-

[1] Ch. Naudin ; *Mémoire sur les Eucalyptus introduits dans la région méditerranéenne*, pag. 414.

lyptus n'était guère connu que de nom, même en Algérie et dans la région privilégiée de la Provence, où il est devenu si abondant de nos jours. Ce n'était alors qu'une plante de collection, dont on trouvait quelques rares exemplaires s'étiolant dans les serres des Jardins botaniques, mais qu'on n'osait pas aventurer en plein air. On ne possédait guère, à cette époque, qu'une seule espèce, l'*Eucalyptus Globulus*, et dans le public on ne soupçonnait pas encore qu'il en existât beaucoup d'autres.

Le genre *Eucalyptus* a été classé dans la grande famille des *Myrtacées*, composée elle-même d'espèces appartenant en majeure partie aux régions intertropicales. Cette famille n'est représentée en Europe que par un seul genre et une seule espèce, notre Myrte commun (*Myrtus communis* L.). Ce charmant arbuste se rencontre partout dans les bois du littoral de la Provence et de la côte ligurienne, depuis Fréjus jusqu'au delà de Menton ; il en existe, non loin de Montpellier, une localité classique dans notre chaîne de la Gardéole près Mireval. La plupart des auteurs rattachent encore aux Myrtacées un arbrisseau originaire d'Orient et du nord de l'Afrique, le Grenadier (*Punica granatum* L.), naturalisé en Europe depuis les temps les plus reculés. Il forme à lui seul une sous-famille, celle des *Granatées*, composée elle-même d'un seul genre et d'une espèce unique. Ce sont là, pour cette famille ou ces deux familles, les deux seules épaves qui nous restent de la riche flore tropicale qui couvrait autrefois, avant l'époque glaciaire, toute la région que nous habitons.

Les principales espèces d'Eucalyptus découvertes jusqu'à présent sont originaires de la Nouvelle-Hollande, plus communément désignée sous le nom d'Australie, ce continent insulaire de l'Océanie dont la surface égale presque celle de notre vieille Europe et que les voyages de La Billardière, de Baudin et de Freycinet, vers la fin du dernier siècle et les premières années de celui-ci, ont commencé à nous faire connaître. Elles en habitent surtout la partie méridionale, plus particulièrement la Nouvelle-Galles du Sud et la colonie de Victoria ; quelques espèces s'étendent aussi dans la partie occidentale de l'Australie. On les trouve également en grande abondance dans la vaste île voisine de Van-Diemen ou Tasmanie. Sur chacun de ces points, les Eucalyptus peuplent des forêts immenses, et les diverses espèces sont représentées par des arbres aux proportions gigantesques, atteignant jusqu'à 100, 120 et même, dit-on, 150 mètres de hauteur.

Les régions montagneuses des diverses parties de l'Australie que nous avons énumérées ci-dessus sont, par excellence, le lieu d'origine de la plupart des espèces d'Eucalyptus. Il en est de même dans la Tasmanie, dont les montagnes semblent le prolongement des chaînes de la Nouvelle-Galles du Sud. Les vallées et les pentes des Alpes australiennes, ainsi que celles des montagnes de la Tasmanie, recèlent des quantités innombrables d'Eucalyptus, dont quelques espèces s'élèvent sur ces montagnes jusqu'à des altitudes de 1,500 et 1,800 mètres au-dessus du niveau de la mer. A ces hauteurs, dans les Alpes australiennes, les hivers sont assez rigoureux, et il en est à plus forte raison de même, quoique à des hauteurs moindres, dans les forêts de la Tasmanie, qui sont plus méridionales et par conséquent plus éloignées de l'équateur ; il y gèle souvent, les chutes de neige sont assez fréquentes, et on a vu quelquefois, même dans la Nouvelle-Galles méridionale, c'est-à-dire dans la partie sud-est de l'Australie, non seulement les collines, mais encore les plaines recouvertes de près d'un mètre de neige. M. W. Mac-Arthur a observé à Cambden, localité de cette dernière région, des froids de 10 à 12 degrés au-dessous de zéro. On voit donc que le climat de la partie méridionale de l'Australie, et, à plus forte raison, celui de l'île Van-Diemen ou Tasmanie, est presque aussi rigoureux que celui de Montpellier.

Il semblerait dès lors que la plupart des espèces d'Eucalyptus devraient résister à peu près complètement au climat de la région qui nous environne. Nous devrons donc rechercher les causes d'insuccès dans la culture de la plupart de ces espèces, qu'il n'a pas été possible de conserver longtemps ici, quoiqu'elles y aient été essayées de diverses manières. Cette question sera examinée dans la suite de cette étude avec toute l'attention qu'elle mérite. Nous pouvons cependant émettre dès à présent une hypothèse qui a toute apparence de probabilité : c'est que, dans les sols qui leur sont particulièrement favorables, comme par exemple dans les terrains basaltiques ou granitiques, les Eucalyptus se montreront en Europe, et à conditions égales, tout aussi résistants qu'en Australie ou en Tasmanie. Malheureusement nous n'avons guère de terrains de cette nature à proximité de Montpellier, et c'est là, en dehors du froid, la principale raison de la difficulté de culture de la plupart des espèces d'Eucalyptus, ainsi que des autres végétaux d'origine australienne ou tasmanienne.

Toutefois, l'expérience a été faite assez en grand dans la partie abritée de la Provence, et elle a jusqu'ici donné les meilleurs résultats : les diverses espèces d'Eucalyptus ont trouvé dans cette région privilégiée, et selon leurs exigences particulières, les terrains schisteux de la chaîne des Maures, les sols granitiques de la chaîne de l'Esterel, ainsi que les calcaires des Alpes maritimes. Aussi voit-on aujourd'hui d'assez forts exemplaires d'un grand nombre d'espèces se développant avec magnificence là où elles ont été placées dans une nature de sol qui leur convenait. Elles y rencontraient, en surplus, l'abri qui leur est nécessaire contre la violence du vent et un climat aussi doux et même encore plus doux, au moins pour la plupart des espèces, que celui de leur pays d'origine. Elles ont donc trouvé réunies sur le littoral de la Provence et de la Ligurie, depuis Toulon jusqu'à Gênes et même au delà jusqu'à Pise, des conditions de milieu à peu près équivalentes à celles de l'Australie méridionale et de la Tasmanie. Aussi s'y développent-elles tout aussi bien, et il en est de même de la plupart des autres végétaux qui peuplent les forêts australiennes et qui se naturalisent avec la plus grande facilité sur les points abrités de la côte méditerranéenne depuis Marseille jusqu'à Gênes et au delà.

Le mot de naturalisation peut même être pris ici dans le sens le plus large : quelques espèces australiennes, en effet, il est facile de le remarquer, se propagent d'elles-mêmes par le semis naturel de leurs graines, qui mûrissent très bien sur beaucoup de points de cette région et se répandent ensuite dans leur voisinage. Tel est, par exemple, le *Grevillea robusta*, ce bel arbre essentiellement australien dont le feuillage finement découpé affecte cette couleur grise ou plutôt bistre particulière à la végétation de la Nouvelle-Hollande. Tel est aussi le cas de l'*Acacia dealbata* ou *Albizzia dealbata*, ce bel arbre dont le feuillage est si élégant et qui est si variable de forme par la voie du semis. Il en est de même de beaucoup d'autres espèces. Ce fait est d'autant plus remarquable que le *Grevillea* appartient à la famille des Protéacées, et nous verrons tout à l'heure que plusieurs espèces de cette même famille avaient, à l'époque tertiaire, des représentants dans la végétation de l'Europe méridionale, ainsi que le constatent les nombreuses découvertes paléontologiques faites depuis quelques années.

Un phénomène correspondant se produit en Australie dans les nombreux essais de naturalisation des espèces européennes. La plupart de nos arbres fruitiers et de nos plantes légumières prospèrent admirablement autour de Melbourne, de Sidney, de Hobart-Town et dans la plupart des localités où on les a essayés, quand on les place dans un sol de nature convenable, c'est-à-dire analogue à celui dans lequel la même espèce se développait dans nos jardins d'Europe. Aussi, dans les nombreux essais de cette nature tentés un peu partout en Australie, n'a-t-on eu à enregistrer que de bien rares mécomptes. Nous essayerons plus tard d'expliquer quelle est, à notre avis, la raison d'être de ces quelques insuccès, de celui par exemple de la culture de la Vigne, qui n'a jamais pu mûrir ses fruits en Tasmanie, là pourtant où les Eucalyptus se développent et résistent si bien.

Les forêts d'Eucalyptus de la Nouvelle-Hollande et de la Tasmanie présentent une particularité fort curieuse, qu'il est intéressant de signaler. Même dans les parties où ces forêts sont très épaisses, les rayons du soleil, vers le milieu du jour, pénètrent à travers le feuillage des arbres qui les composent. La plupart des Eucalyptus, en effet, semblables en cela aux

Acacia à phyllodes qui peuplent aussi les mêmes régions, ont les feuilles très aplaties en lame de couteau, et, contrairement à la plupart des autres végétaux, le limbe de ces feuilles est presque toujours placé dans le sens vertical ; elles ne présentent donc vers le ciel que leur bord, dont la tranche très mince n'arrête guère les rayons solaires, et en plein midi ces rayons se frayent facilement un passage à travers le feuillage. Il est, à ce sujet, une chose digne de remarque, c'est que le caractère singulier que nous venons d'indiquer ne se reproduit pas exactement dans la culture. On a observé que les Eucalyptus plantés au Cap, dans l'Inde et surtout en Europe, sont plus touffus, probablement parce que, étant moins serrés entre eux, leurs branches se ramifient davantage dans différentes directions, de sorte que toutes les feuilles ne sont plus placées dans le même sens comme elles le sont sur les mêmes arbres de l'Australie ; l'ombre de l'Eucalyptus, dans ces conditions, est alors plus épaisse et surtout plus efficace, au moins vers le milieu du jour.

En examinant de près les rameaux de quelques espèces d'Eucalyptus, de celles surtout qui rentrent dans le groupe de l'*E. rostrata*, il est facile de faire aussi une observation intéressante. Ces rameaux montrent, en effet, et tout à la fois sur le même arbre, d'abord les fruits déjà mûrs de l'année précédente, puis les fleurs épanouies de l'année présente, et enfin les boutons de celle qui doit suivre, c'est-à-dire les produits de trois années successives.

II.

Les forêts de la Nouvelle-Hollande et de la Tasmanie ne sont pas seulement peuplées d'Eucalyptus ; elles se composent en outre de plusieurs essences forestières tout aussi remarquables, et il nous a paru qu'il serait intéressant de jeter un rapide coup d'œil sur cette riche végétation arborescente. Elle est fort curieuse et présente dans son ensemble des caractères spéciaux qui lui donnent un cachet tout particulier.

Ce sont d'abord les élégants *Mimosa*, ainsi que les beaux *Acacia* à feuilles persistantes, dont les fleurs sont d'une si grande élégance et qui contribuent aujourd'hui, dans de larges proportions, à l'ornementation des jardins du littoral de la Provence. Leurs jolies fleurs, jaunes pour la plupart, sont récoltées dans ces jardins et expédiées en hiver par grandes quantités à Paris et à Londres; elles figurent même sur les marchés de plusieurs autres villes. Parmi ces *Acacia*, les uns ont un feuillage composé de nombreuses folioles légères et gracieuses, dont l'ensemble est très élégant, tandis que, chez d'autres espèces, les folioles avortées sont remplacées par un pétiole dilaté en phyllode et affectant la forme d'une véritable feuille. On y trouve encore un grand nombre d'arbres de la famille des Myrtacées, à laquelle appartient l'*Eucalyptus*, et qui comprend en outre les superbes *Metrosideros*, les bizarres *Melaleuca* et les nombreuses espèces australiennes ou de la Tasmanie, plus curieuses les unes que les autres, formant surtout les genres *Acmena*, *Angophora*, *Beaufortia*, *Beckea*, *Callistemon*, *Calothammus*, *Calycothrix*, *Chamelancium*, *Fabricia*, *Jambosa*, *Leptospermum*, *Rhodomyrtus*, *Tristania*, *Verticordia*, etc.; ensuite des Conifères, telles que les *Araucaria*, les *Arthrotaxis*, les *Eutacta*, les *Dacrydium*, les *Diselma*, les *Microcachrys*, les *Pherosphæra*, les *Phyllocladus*, les *Podocarpus*, etc., dont l'aspect diffère essentiellement des Cyprès, Pins, Sapins et autres espèces qui peuplent les forêts de l'ancien et du nouveau continent. Il est enfin un assez grand nombre d'autres végétaux spéciaux à cette flore, parmi lesquels il convient de citer les *Pæcilodormis* des montagnes du Queensland, les *Casuarina*, les *Kennedya*, plusieurs Fougères arborescentes, ainsi que quelques espèces de la famille des Diosmées, appartenant aux genres *Correa*, *Crowea*, *Eriostemon*, *Boronia*, etc. Il convient aussi de citer particulièrement les espèces si curieuses appartenant à la famille des Protéacées, telles que les *Banksia*, *Dryandra*, *Embothrium*, *Grevillea*, *Hakea*, *Lambertia*, *Lomatia*, *Stenocarpus*, *Telopea*, etc., dont les formes végétales aussi étranges que bizarres provoquent l'étonnement et la curiosité des personnes qui les admirent pour la première fois.

Ces diverses espèces d'arbres ou d'arbrisseaux, indigènes dans le continent australien, présentent des caractères tout spéciaux qui les distinguent, à première vue, des végétaux de tous les autres pays. Il en est de même, tout à côté, dans la grande île de Van-Diemen ou Tasmanie, dont la flore et la faune sont à peu près identiques à celles de la Nouvelle-Hollande et permettent de supposer qu'à une époque géologique relativement récente cette île devait être réunie au continent océanien.

Le naturaliste qui aborde pour la première fois dans la Nouvelle-Hollande ou Australie est surpris de rencontrer à chaque pas une végétation dont la teinte générale et les caractères d'ensemble lui paraissent tellement étranges et diffèrent si complètement de la végétation du monde entier, qu'il ne peut en croire le témoignage de ses yeux. Il lui semble qu'il est en présence de formes antédiluviennes et qu'il se trouve subitement transporté à une époque géologique de beaucoup antérieure à l'apparition de l'homme sur la terre. Les animaux les plus répandus dans ces régions présentent aussi une organisation toute spéciale ; tels sont, par exemple, une grande espèce de Kangourou, qui y est très commune, l'Ornithorynque, l'Échidné, le Bondicout, l'Ouembat, l'Écureuil volant, ainsi que le Sarigue ou Oppossum ; puis, parmi les volatiles, le Cygne noir, l'Aigle blanc et ensuite l'Emou, ce grand oiseau analogue à l'Autruche. Enfin des perroquets de diverses couleurs et une foule de petits oiseaux inconnus dans les autres pays. Plusieurs espèces d'oiseaux n'ont point d'ailes, et certains mammifères, dit-on, pondent des œufs tout en allaitant leur progéniture.

Il n'est pas jusqu'à l'homme lui-même, indigène de l'Australie et souvent anthropophage, dont l'étude des caractères ethnographiques soit vraiment surprenante. Généralement de taille petite ou moyenne, avec leur face élargie, leur bouche énorme, des cheveux laineux, des membres grêles et leur abdomen proéminent, les naturels de l'Australie et de l'île de Van-Diemen, presque toujours d'un teint bistre ou gris-noir, paraissent former à peine la première ébauche de l'humanité. La plupart de ces peuplades sauvages n'ont ni cabanes pour s'abriter ni vêtements pour se couvrir ; elles ne connaissent aucune espèce de culture, vivent des produits de la chasse et surtout de la pêche, et les armes dont elles se servent, empruntées aux matériaux qu'elles ont sous la main, sont aussi simples et aussi grossières que possible. Réfractaires à toute tentative de civilisation et même de domestication, leur laideur physique et morale en fait des êtres à part, d'un type tellement primitif et misérable que M. le Dr Clavel[1] serait tenté de les regarder comme étant hors de l'humanité.

Il existe donc à plusieurs égards, là comme partout ailleurs, une certaine relation intime entre la végétation particulière à cette vaste région et ses habitants, dont les mœurs ainsi que les habitudes sont essentiellement primitives et ne paraissent guère vouloir se modifier au contact de l'influence civilisatrice des Européens, qui se sont installés ou qui s'établissent chaque année sur le continent Océanien et dans la Tasmanie.

Nous pourrions ajouter que la plupart des espèces végétales australiennes, dont nous avons désigné nominativement les principales, se sont montrées d'une culture assez difficile dans les essais de naturalisation qui ont été tentés un peu partout en Europe, excepté dans quelques régions plus particulièrement privilégiées. Elles ont paru généralement plus frileuses que le climat de leur pays d'origine ne le comportait, et ont montré presque toutes des préférences marquées pour les terrains granitiques. C'est surtout dans ces sols, de constitution géologique fort ancienne, que la plupart des espèces australiennes se sont vigoureusement développées. Les exigences de la culture paraissent donc s'harmoniser ici avec le caractère primitif que nous avons fait remarquer dans les formes de ces étranges végétaux, et le caractère non moins primitif des habitants de la région d'où ces mêmes végétaux sont originaires.

[1] *Les races humaines et leur part dans la civilisation*, 1861.

La région comprise entre Fréjus et Antibes, c'est-à-dire la chaîne granitique de l'Esterel, s'est montrée tout particulièrement favorable à la culture des végétaux australiens. Les espèces même les plus frileuses résistent complètement sur le versant méridional de cette chaîne et surtout dans la partie située entre Cannes et golfe Jouan, qui est l'une des plus abritées. Les nombreuses espèces d'*Eucalyptus*, d'*Acacia*, de *Mimosa*, de *Casuarina*, etc., ainsi que toutes les Myrtacées et les nombreuses Protéacées de la Nouvelle-Hollande, trouvent là des conditions de milieu évidemment propices à leur tempérament ; aussi leur développement très rapide rappelle la luxuriante végétation, caractéristique de la contrée dont elles sont originaires. Elles retrouvent donc, dans cette partie de la Provence, les conditions de sol et de climat dont elles jouissaient en Australie et qui leur permettent de se développer presque aussi bien que dans leur pays natal. Nous en parlerons plus longuement quand nous étudierons l'aire géographique de dissémination de la culture des Eucalyptus.

Si l'on compare dans son ensemble la végétation de l'Australie et de la Tasmanie avec celle de notre ancien continent ou du continent américain, il est facile de remarquer que c'est la flore du cap de Bonne-Espérance qui, seule, offre une réelle analogie avec celle de la Nouvelle-Hollande. Ce sont, dans les deux cas, sinon les mêmes espèces, tout au moins des espèces voisines, appartenant aux mêmes familles naturelles et ayant par conséquent des caractères communs. On pourrait en citer un assez grand nombre. Les Protéacées, par exemple, fort abondantes en Australie, sont représentées au Cap par un certain nombre d'espèces. Il est certainement curieux de faire remarquer que ces mêmes Protéacées se rencontrent fréquemment à l'état fossile dans les terrains tertiaires de l'Europe méridionale [1], en démontrant ainsi la jeunesse relative du continent Océanien par rapport à notre vieille Europe.

[1] Unger ; *La Nouvelle-Hollande en Europe.*

Les découvertes paléontologiques faites pendant ces dernières années démontrent, en effet, jusqu'à l'évidence qu'à une autre époque géologique antérieure à l'apparition de l'homme sur la terre, la végétation de l'Europe centrale et méridionale avait de nombreux points de ressemblance avec celle qui caractérise de nos jours les régions océaniennes, et particulièrement l'Australie et l'île de Van-Diemen. Pour ces dernières même, l'analogie est vraiment frappante, et beaucoup de Protéacées fossiles découvertes en France et en Suisse par les botanistes paléontologistes ont, à l'état vivant, des espèces équivalentes dans la végétation actuelle de l'Australie. C'est là une chose infiniment digne de remarque, nous démontrant, une fois de plus, combien ont été profondes les modifications climatériques de l'Europe.

A l'époque dont nous venons de parler, la végétation qui recouvrait notre sol était de nature essentiellement tropicale, et par conséquent le climat devait être infiniment plus chaud qu'il ne l'est aujourd'hui. La flore et la faune paléontologiques de l'Europe centrale et méridionale, examinées dans leur ensemble, permettent raisonnablement de soutenir cette hypothèse. Le Palmier nain (*Chamærops humilis*) et le Caroubier (*Ceratonia siliqua*), sont encore, de nos jours et tout particulièrement, comme nous l'avons signalé ailleurs[1], des témoins irrécusables attestant la véracité de cette assertion. Ces deux espèces, ainsi que le Myrte (*Myrtus communis*), le Laurier franc (*Laurus nobilis*) l'Osyris (*Osyris alba*), le Laurier rose (*Nerium oleander*) et quelques autres encore appartenant à des familles presque exclusivement intertropicales, sont aujourd'hui les seules plantes connues qui aient survécu jusqu'ici au refroidissement progressif de notre climat sud européen. On pourrait en dire autant du Figuier (*Ficus carica* L.), du Grenadier (*Punica granatum*), de l'Olivier (*Olea europea*)[2], ainsi que

[1] Félix Sahut; *Le lac Majeur et les îles Borromée; leur climat caractérisé par leur végétation*, pag. 60 et 61. Montpellier, 1883.

[2] Ch. Martins; *Sur l'origine paléontologique des arbres, arbrisseaux et arbustes indigènes du midi de la France.* Montpellier, 1877.

de plusieurs autres espèces qui se trouvent dans le même cas. Ce sont là, pour notre région, à peu près les seules épaves qui nous restent de la riche végétation tropicale qui caractérisait en Europe l'époque tertiaire; elles ont échappé sur quelques points privilégiés aux froids rigoureux de la période glaciaire qui lui a succédé, et ont pu ainsi parvenir jusqu'à nous.

Quoique la constatation n'en ait pas encore été faite, il est probable qu'on pourrait ajouter à cette liste quelques autres espèces, telles que l'Anagyris (*Anagyris fœtida* L.), le Lentisque (*Pistacia lentiscus*), le Térébinthe (*Pistacia terebinthus*), le Sumac (*Rhus coriaria*), le Redoul (*Coriaria myrtifolia*), etc., etc., qui paraissent se trouver aussi dans des conditions analogues. Encore est-il utile de faire remarquer que ces diverses espèces sont confinées chacune sur quelques points isolés. On pourrait ajouter aussi que l'aire géographique de leur dissémination, au moins pour la plupart de ces espèces, tend plutôt à se restreindre qu'à s'étendre au delà de ses limites actuelles ; tel est, par exemple, le cas du Palmier nain, qui se trouvait encore, il y a quelques années, entre Nice et Vintimille, d'où il a maintenant disparu.

Les beaux travaux de M. de Saporta, sur la paléontologie de la Provence, nous montrent ces quelques espèces survivantes comme étant à peu près tout ce qui nous reste de cette antique végétation tropicale qui faisait autrefois l'ornement de notre pays, avant qu'une série de révolutions géologiques aient modifié à ce point sa topographie générale et les conditions climatériques qui le caractérisaient.

III.

C'est un botaniste français, L'Héritier, qui a créé le genre Eucalyptus, pour la première espèce qu'il avait découverte en Tasmanie vers 1788. Il lui donna le nom d'*Eucalyptus obliqua*, et la décrivit dans le *Sertum Anglicum*. Quatre ans plus tard, La Billardière découvrit, lui aussi, plusieurs espèces parmi lesquelles on peut citer l'*Eucalyptus Globulus*, qui est la principale du genre.

Après lui, plusieurs botanistes qui se sont succédé jusqu'à nos jours ont décrit à leur tour un grand nombre d'autres espèces ; il est probable que des recherches ultérieures viendront probablement en ajouter encore d'autres non moins intéressantes, à la liste de celles que nous connaissons jusqu'à présent.

Il appartenait à Pyramus de Candolle, qui avait fait de notre ville sa patrie d'adoption, alors que, professeur à notre célèbre École de Médecine, il dirigeait notre Jardin des Plantes, de publier la première monographie générale du genre *Eucalyptus*. Il en décrivit 52 espèces dans le tom. III du *Prodromus*, daté de 1828, avec ce tact remarquable qui faisait reconnaître presque instantanément à l'auteur les caractères particuliers qui permettent de distinguer les espèces les unes des autres.

Après lui, M. le Dr Ferdinand Müller, l'éminent directeur du Jardin Botanique de Melbourne, fit paraître en 1858, dans le Journal de la Société Linnéenne de Londres, une première monographie des *Eucalyptus* de l'Australie tropicale, dans laquelle il décrivait 38 espèces, qu'il divisait en 5 sections distinctes selon les caractères de leurs feuilles, et en 7 sections selon ceux que présentaient leurs écorces.

Un peu plus tard, Georges Bentham, le célèbre botaniste anglais dont la science déplore la perte récente, publiait sous le titre de *Flora australiensis*, et en collaboration avec le même M. le baron Ferdinand Müller, un travail considérable dans lequel étaient énumérées toutes les richesses végétales qui avaient été déjà découvertes parmi celles que recélaient les forêts de la Nouvelle-Hollande. Dans le tom. III de cet ouvrage remarquable, paru en 1866, étaient décrites les 135 espèces d'Eucalyptus déjà trouvées jusque-là, presque toutes en Australie ou dans l'île de Van-Diemen.

Parmi les renseignements fournis sur chacune des espèces d'Eucalyptus par les botanistes voyageurs qui avaient parcouru les régions australiennes, les dimensions en hauteur et en grosseur du tronc qu'elles acquièrent dans les forêts de l'Australie sont indiquées avec soin, au moins pour la plupart d'entre elles ;

quelques-unes sont même signalées comme atteignant des proportions vraiment gigantesques. C'est ainsi qu'une espèce alpestre de la Nouvelle-Galles du Sud, l'*Eucalyptus amygdalina*, qu'on retrouve aussi dans les montagnes de la Tasmanie, où elle avait été découverte par La Billardière, atteint jusqu'à 500 pieds de hauteur sur 20 à 25 pieds de circonférence. L'*Eucalyptus Stuartiana* de Victoria, ainsi que l'*Eucalyptus fissilis*, acquièrent des proportions équivalentes, et ces trois espèces sont suivies de près par l'*Eucalyptus coriacea* et l'*E. diversicolor* Müll., connu aussi sous le nom d'*E. colossea* de l'Australie occidentale, ainsi que par quelques autres qui atteignent ou dépassent 400 pieds de hauteur avec un diamètre proportionné. Si maintenant nous traduisons ces mesures anglaises dans notre système décimal, nous trouvons que les trois premières espèces ne mesurent pas moins de 152 mètres de hauteur sur 7 à 8 mètres de diamètre. On voit donc que ces géants de la création l'emportent comme hauteur sur la Pyramide de Chéops et sur tous les autres monuments construits par la main de l'homme.

Ce sont là, pour des arbres, les plus puissantes dimensions, au moins en hauteur, que l'on ait constatées jusqu'à présent parmi l'innombrable quantité d'espèces végétales qui peuplent toutes les forêts du monde entier.

La région du versant occidental des montagnes de la Sierra-Nevada, en Californie, nous offre seule des arbres dont les proportions colossales puissent être comparées avec celles de ces géants de l'Australie. Ce sont d'abord le *Red-Wood* des Américains (*Sequoia sempervirens* Endlicher), plus connu sous le nom de *Taxodium sempervirens*, et ensuite surtout le *Wellingtonia gigantea* Lindley, décrit aussi par M. Decaisne sous le nom de *Sequoia gigantea*. On sait que les plus forts échantillons de cette dernière espèce habitent dans la région des mines d'or et qu'ils ont encore cela de commun avec certains Eucalyptus australiens. Les Indiens avaient déjà détruit par le feu un grand nombre de ces colosses végétaux, et auraient probablement complété cette œuvre de destruction ; mais le gouvernement des États-Unis, dont l'attention avait été appelée sur ce sujet, s'est décidé à y mettre bon ordre, en déclarant territoire réservé les forêts dans lesquelles se rencontrent encore un petit nombre de ces arbres merveilleux qui nous seront ainsi conservés. On peut actuellement admirer ceux qui restent près de Calaveras-Grove et de Mariposa-Grove, à environ 120 milles (193 kilom.) de la mer, à l'est de San-Francisco et à des altitudes variant entre 4,700 et 6,000 pieds (1,432 et 1,828 mètres). Ces arbres énormes, véritables rois de la création dans le règne végétal, acquièrent sur ces deux points des proportions réellement gigantesques, puisqu'on en a mesuré qui élevaient jusqu'à plus de 100 mètres leur cime supportée par un tronc large de près de 12 mètres de diamètre, ce qui représente environ 36 mètres de circonférence. La base du tronc d'un de ces monstres végétaux a été perforée de part en part d'une grande ouverture, sorte de tunnel de près de 12 mètres de longueur et suffisamment large et élevée pour pouvoir livrer passage à une grande route parcourue par les diligences. Autour des *Sequoia*, les *Pinus Lambertiana* et *P. ponderosa* l'*Abies Douglasii*, le *Picea grandis* et le *Libocedrus decurrens*, contribuent à garnir ces forêts majestueuses, dans des vallées dont le sol très profond doit être d'une fertilité étonnante.

Nous venons de voir qu'en 1866, MM. Bentham et Müller avaient décrit déjà 135 espèces d'*Eucalyptus* dans leur *Flora australiensis*. Mais, depuis cette époque, beaucoup d'autres espèces ont été découvertes et de nombreuses localités nouvelles ont été signalées par les voyageurs qui ont exploré les régions australiennes jusque-là inconnues. Aussi, tout récemment, M. Müller a-t-il pensé devoir commencer seul, sous le nom d'*Eucalyptographia*[1], la publication d'un atlas contenant de nombreux dessins et reproduisant les principaux caractères spécifiques de chaque espèce d'Eucalyptus. Cet ouvrage important, écrit en langue anglaise, paraît par livraisons contenant chacune 10 planches

[1] *Eucalyptographia. A descriptive atlas of the Eucalypts of Australia and the adjoinig islands*, by baron Ferd. von Müller, government botanist for the colony of Victoria.

lithographiées avec le texte correspondant. Son auteur, comme on sait, est le plus grand explorateur des diverses régions de l'Australie, qu'il habite depuis près de trente années. C'est aussi, à n'en pas douter, le botaniste qui connaît le mieux les Eucalyptus ; il a pu en effet les étudier sur le vivant et, mieux que personne, dans les pays d'où ils sont originaires. Aussi sa nouvelle monographie des nombreuses espèces de cet arbre intéressant est-elle considérée comme l'ouvrage le plus remarquable qui ait jamais paru en son genre. M. Müller a déjà publié la description de cent espèces bien distinctes, représentant la quintessence de presque toutes celles décrites jusqu'à présent par les divers botanistes qui s'en sont occupés.

Toutefois ce travail, quoique le plus complet en son genre, offre pour nous l'inconvénient d'une classification fondée sur les particularités que présente l'écorce; le plus souvent, en effet, quand nous voulons ici déterminer une espèce, l'arbre n'est pas suffisamment grand pour que l'écorce ait acquis tout son développement. On conçoit néanmoins sans peine que M. Müller ait adopté ce mode de classification, parce que, avec des arbres tels que les Eucalyptus, dont les proportions sont aussi gigantesques, il n'était pas toujours facile d'avoir à portée de la main des feuilles, des fleurs ou des fruits, tandis que les caractères de l'écorce se distinguent immédiatement en parcourant les forêts.

L'*Eucalyptographia*, malgré toute sa valeur scientifique, ne répondait donc pas absolument au besoin, qui se faisait sentir de plus en plus, d'une monographie écrite spécialement pour l'Europe et l'Algérie, comprenant seulement les espèces introduites dans nos jardins et décrivant avec soin les caractères tirés de la forme juvénile des plantes, qui permettent souvent de déterminer l'espèce sans attendre le complet développement et la fructification de l'arbre.

M. Naudin a essayé de combler cette lacune, et il a commencé à le faire très heureusement, dans des conditions telles que notre contrée méridionale tout entière doit lui en être reconnaissante. Dans un savant Mémoire qu'il a publié récemment sous ce titre :

Les Eucalyptus introduits dans la région méditerranéenne, M. Naudin a décrit avec beaucoup de soin et indiqué avec une exactitude très rigoureuse les caractères distinctifs de trente et une espèces bien tranchées; ce sont toutes celles qui ont déjà fleuri, autant sur notre littoral qu'en Algérie. Cette monographie pourra maintenant être continuée, au fur et à mesure que d'autres espèces nouvellement introduites arriveront ensuite à floraison; elle rendra en cela un très grand service à notre pays, car on apprécie de plus en plus les avantages qui peuvent résulter de la propagation des Eucalyptus, dont le développement cultural, en Algérie surtout, exercera une influence plus grande qu'on ne saurait le croire sur l'avenir de notre colonie africaine. Nous pourrions en dire autant du Portugal, de l'Espagne, de la France, de l'Italie, de la Turquie, de la Grèce, de l'Asie-Mineure et de bien d'autres contrées qui sont appelées, elles aussi, à profiter des bienfaits que leur vaudra l'introduction de la culture des Eucalyptus. Il sera, en effet, très utile de connaître plus complètement que nous n'avons pu les apprécier jusqu'à ce jour, le mérite respectif des diverses espèces de cet arbre, ainsi que les aptitudes culturales et les propriétés particulières de chacune d'elles. Cela permettra d'en tirer tout le parti possible, autant sous le rapport forestier et sanitaire que pour les produits industriels de toute nature que ces arbres sont appelés à nous fournir.

IV.

Les Eucalyptus peuvent être considérés comme étant essentiellement d'origine australienne. Ils sont disséminés dans la partie aujourd'hui connue du vaste continent océanien, qui est bien loin d'être exploré en entier et dont l'intérieur n'a guère encore été visité. La plupart des mêmes espèces se rencontrent aussi dans la Tasmanie, où elles constituent presque entièrement la gigantesque végétation de ses immenses forêts. Une seule espèce, l'*Eucalyptus alba*, a été trouvée à l'île de Timor, située au nord de l'Australie, et on suppose qu'il en existe trois ou quatre autres dans la Papouasie ou Nouvelle-Guinée, placée au nord-est de la Nouvelle-Hollande, ainsi que dans les forêts des archipels voisins.

Enfin, il vient d'être découvert au Tonkin une autre espèce d'*Eucalyptus*, qui y est connue sous le nom de *Ydisi*. C'est, paraît-il, un arbuste de 2 mètres seulement de hauteur qui se développe rapidement et produit une grande quantité de fleurs et de graines. Il a au Tonkin la réputation, lui aussi, d'assainir les terrains marécageux, et les agriculteurs tonkinois le cultivent tout spécialement pour l'employer à cet usage. Ce serait donc là une espèce nouvelle, la seule qui soit originaire de notre hémisphère, et qui, par ses proportions fort réduites, différerait essentiellement de la plupart des Eucalyptus connus, puisque ceux-ci sont généralement de grands arbres, souvent de très haute taille et atteignant même, pour quelques espèces, des dimensions réellement colossales.

Tous les autres Eucalyptus appartiennent en propre à la Nouvelle-Hollande ou à la Tasmanie. Aucune espèce, jusqu'à présent, n'a été découverte dans la Nouvelle-Zélande, ni dans la Nouvelle-Calédonie, ni dans les autres îles de l'Océanie, ni à Madagascar, ni même dans aucune partie de l'Afrique méridionale ou de l'Amérique du Sud.

Dans l'état actuel des découvertes botaniques relatives à l'Eucalyptus, l'aire géographique de dissémination, à l'état indigène, des diverses espèces de cet arbre est donc essentiellement océanienne ; elle était limitée dans le continent australien et les îles qui l'avoisinent immédiatement, et ne s'étendait pas au delà avant la récente découverte de l'espèce tonkinoise dont nous venons de parler. Elle était donc comprise, à ce moment, entre l'équateur et le 43e parallèle de latitude Sud, et par conséquent en entier dans l'hémisphère austral.

Le continent insulaire australien, auquel les Hollandais, qui l'ont découvert en 1565, ont donné le nom de Nouvelle-Hollande, est par excellence la patrie d'origine des Eucalyptus. La plupart des espèces y forment d'immenses forêts s'étalant sur les flancs et s'élevant même jusqu'aux sommets des Alpes australiennes et des montagnes Bleues, ainsi que, d'une manière générale, sur toute l'étendue des montagnes de la Nouvelle-Hollande. L'une de ces chaînes de montagnes s'étend presque toujours parallèlement à la mer, qu'elle longe dans toute la partie orientale des côtes du continent australien, depuis le cap York à son extrémité nord qui fait face à la Nouvelle-Guinée, jusqu'aux pointes les plus méridionales de ce même continent qui envisagent la Tasmanie et dont elles ne sont séparées que par le détroit de Bass. Elle traverse donc le Queensland, la New-South-Wales (Nouvelle-Galles du Sud) et la colonie de Victoria jusque près de Melbourne, et quelques-uns de ses sommets s'élèvent à des altitudes parfois considérables.

C'est d'abord la chaîne du Nord qui, partant du cap York et descendant à travers le Queensland, se divise en deux ramifications dont l'une, moins élevée, longe la mer, tandis que l'autre, s'enfonçant dans l'intérieur des terres, embrasse une région très vaste de plateaux assez élevés. Cette dernière partie porte plus particulièrement le nom de montagnes Denham ; le mont Lang, le mont King, le mont Dividorg et le mont Gilbert en sont les sommets les plus élevés. Les deux branches se rejoignent, en face de Brisbane, en une chaîne unique qui descend vers le Sud en se maintenant presque toujours parallèle à la mer. Elle prend alors le nom de montagnes de la Nouvelle-Angleterre, dont la hauteur moyenne dépasse 3,500 pieds (1,050 mètres). Le mont Lindsay et le mont Ben-Lourond, d'une hauteur de 5,000 pieds (1,520 mètres), sont les points les plus élevés de cette partie moyenne.

Cette chaîne se continue encore dans la même direction et toujours en descendant à travers la Nouvelle-Galles du Sud (New-South-Wales). Elle forme ainsi, d'abord la chaîne des monts Liverpool, composée de cimes escarpées et dont le mont Wingen est l'un des sommets; ensuite celle des montagnes Bleues (Blue-Mountains), dans laquelle se trouve le mont Sabine, les monts de

Dandemoong, et qui comprend aussi les chaînes secondaires de Cullarin, de Manero et de Myniong, dont plusieurs pics dépassent 7,000 pieds (2,150 mètres). Enfin elle se prolonge à travers la colonie de Victoria presque jusqu'à la pointe sud-est, où se trouve le mont Kosciusko, dont la hauteur dépasse 7,300 pieds (2,225 mètres) au-dessus du niveau de la mer.

La partie la plus méridionale des montagnes de la Nouvelle-Hollande, dont les cimes sont fort élevées et dont la direction générale descend vers le Sud-Ouest, porte plus particulièrement le nom d'Alpes australiennes. Elle comprend le mont Hotham et le mont William, près de Melbourne, et ses sommets se maintiennent à des hauteurs variant de 1,500 à 2,200 mètres. C'est aussi, avec les montagnes Bleues, la région la plus accidentée de l'Australie. On y trouve, à chaque pas, des montagnes abruptes et des plateaux unis, des pics escarpés et de larges vallées, des ravins profonds et des torrents impétueux. Les sites, gracieux ou sauvages, mais toujours pleins de grandeur et fort pittoresques, forment partout les plus belles scènes de la nature.

Cette longue chaîne continue de montagnes plus ou moins élevées s'étend donc, en se dirigeant d'abord d'une manière générale du Nord au Midi, depuis le 11e jusqu'au 38e degré de latitude Sud, où elle s'infléchit vers l'Ouest en se maintenant toujours à peu près parallèlement à la mer, jusqu'aux monts Grampians, non loin de l'embouchure du fleuve Murray. Sur toute la longueur de son parcours, elle envoie quelquefois des ramifications tantôt à l'Ouest vers l'intérieur du continent, tantôt à l'Est vers la mer, comme par exemple vers la baie Jervis, vers Paramatta, vers Maitland, vers Port-Macquarie ou vers Port-Danger. Elle s'en approche parfois au point de former alors, sur le bord même de l'Océan, des rivages escarpés et souvent inaccessibles. Le développement total de cette chaîne de montagnes ne comporte pas moins d'environ 4,000 kilom., et ses plus hauts sommets atteignent jusqu'à 2,200 mètres et même plus, d'altitude supramarine.

La partie méridionale de cette chaîne de montagnes est aussi la plus riche en forêts d'Eucalyptus. On peut même dire que la Nouvelle-Galles-du-Sud et la colonie de Victoria en possèdent le plus grand nombre, tandis que d'autres se trouvent dans le Queensland et dans l'Australie septentrionale. Les montagnes de la partie occidentale de la Nouvelle-Hollande ont aussi d'assez nombreuses espèces qui leur sont propres, et il en existe de même quelques-unes dans l'Australie méridionale. Enfin les Eucalyptus, ainsi que nous le verrons, sont surtout très abondants dans la Tasmanie, qui est par excellence la région de leur indigénat, au moins pour quelques espèces qui lui sont particulières.

Nous allons maintenant indiquer rapidement quelles sont les principales espèces d'Eucalyptus spéciales à chacune de ces régions; nous signalerons ensuite les diverses propriétés qu'elles possèdent et le parti qu'il est possible d'en tirer dans la culture, soit en Europe et en Algérie, soit encore partout ailleurs ou le climat permettra de les cultiver.

1° COLONIE DE VICTORIA.

La partie la plus méridionale de la Nouvelle-Hollande, qui fait face à la Tasmanie, est connue sous le nom d'Australie heureuse (*Felix Australia*), et plus généralement sous celui de colonie Victoria. Elle s'étend depuis le cap Howe à l'Est jusque vers l'embouchure du fleuve Murray à l'Ouest, et depuis le détroit de Bass, à son extrémité méridionale, jusque vers le 36e degré de latitude Sud. C'est encore le grand fleuve Murray qui, prenant sa source dans les montagnes Bleues près du mont Kosciusco, coule de l'Est à l'Ouest, en séparant la province de Victoria de la Nouvelle-Galles, pour s'infléchir ensuite brusquement vers le Sud jusqu'à Wellington, où il se jette dans l'Océan en face de l'île des Kangourous.

La colonie de Victoria, d'une superficie de 227,610 kilom. carrés, c'est-à-dire presque la moitié de la surface de la France, est pourtant la plus petite des six provinces anglaises de la Nouvelle-Hollande. Néanmoins elle en est la plus peuplée, relativement à son étendue. Au recensement de 1881, on y comptait 860,067 habitants. Melbourne, sa capitale, quoique n'ayant été fondée qu'en 1837, compte actuellement près de 300,000 habitants, et en avait déjà 120,000 en 1855. Sa prospérité a donc été excessivement rapide. Cette grande et belle ville possède aujourd'hui de magnifiques monuments, des musées et des bibliothèques fort riches. Elle est heureusement située au fond de la grande baie de Port-Philip, à l'embouchure de la rivière Yarra, qui descend des Alpes australiennes, et par 37°,49′ de latitude Sud. Le bourg de Williamstown lui servait de port, mais il n'aurait pu suffire longtemps à l'activité de son commerce si l'on n'avait fondé dans le voisinage le beau port de Sandridge, à Hobson's-Bay. Un chemin de fer relie Melbourne à la grande et belle ville de Sidney, capitale de la Nouvelle-Galles du Sud, la seconde, comme importance, de toutes les cités australiennes.

C'est également à Melbourne que se trouve le beau jardin botanique dont M. le baron Ferdinand von Müller est depuis longtemps le savant directeur, et dans lequel sont cultivées, en même temps qu'un grand nombre de végétaux de tout genre, les plus nombreuses collections d'Eucalyptus qui existent dans le monde entier; on y fait aussi beaucoup d'essais de naturalisation d'arbres et de plantes de tous les pays, de ceux surtout dont l'introduction dans les cultures de l'Australie est susceptible de rendre quelque service à la colonie.

La rapidité sans égale de l'accroissement de la population dans la colonie de Victoria, et pour la ville de Melbourne en particulier, est due certainement aux émigrants attirés par les mines d'or; mais cet accroissement a été certainement facilité par l'exploitation des immenses forêts d'Eucalyptus qui ont fourni les matériaux indispensables aux constructions de Melbourne, ainsi que des autres villes de la province, telles que Williamstown, Greelon, Alberton, Belfast, Portland, Ballarat, Castlemaine, Sandhurst et Beechwoorth.

Les hautes montagnes qui traversent la province de Victoria, dans la direction générale de l'Est à l'Ouest, sont connues d'abord sous le nom d'Alpes australiennes, et ensuite sous celui de monts Grampians. Plusieurs cours d'eau y prennent leur source, et descendent ensuite rapidement vers la mer, entre autres la rivière Snowy, qui passe aux mines d'or de Bombalo, et la rivière Glenely, qui a son embouchure dans la baie Discovery. Ces montagnes sont boisées sur leurs flancs et dans leurs nombreuses vallées de diverses espèces d'Eucalyptus. Nous allons dire quelques mots de celles qu'il convient de citer tout particulièrement parce qu'elles sont les plus remarquables.

1° L'*E. obliqua*, Lhér., décrit aussi par Hooker sous le nom d'*E. gigantea*, est connu vulgairement sous ceux de *Messmate* et de *Stringy-bark* (Écorce fibreuse). Cette espèce, la première qui ait été découverte, se développe sur les pentes des montagnes granitiques les plus arides, où elle acquiert néanmoins de grandes dimensions. Elle n'aime pas les terrains humides, et on la trouve rarement dans les plaines et sur les collines peu élevées. Elle est abondante aussi en Tasmanie et dans la Nouvelle-Galles du Sud, partageant avec l'*E. Globulus* la réputation d'assainir le pays et de combattre l'influence paludéenne. L'arbre est d'une croissance rapide, atteignant facilement 50, 60 et dépassant même quelquefois 100 mètres de hauteur sur 3 mètres et plus de diamètre; son tronc, généralement très droit, est recouvert d'une écorce fort épaisse qui est utilisée pour divers usages.

2° L'*E. melliodora*, A. Cunn., désigné sous le nom de *Yellow-Box* (Buis jaune) par les colons australiens de Victoria, et sous celui de *Red-Gum-tree* (Gommier rouge) qu'on lui donne dans la Nouvelle-Galles du Sud, est très répandu dans la Nouvelle-Hollande. C'est un arbre à rameaux pendants et de taille moyenne, ne dépassant pas généralement 30 à 40 mètres, mais atteignant parfois jusqu'à 60 et 70 mètres de hauteur, dans les forêts épaisses qui peuplent les vallées fertiles et abritées. On le rencontre le plus souvent sur les collines découvertes et peu élevées, particulièrement dans les terrains de formation miocène.

C'est l'une des espèces dont les fleurs, très nombreuses, sont les plus recherchées par les abeilles.

3° L'*E. Stuartiana*, Müll., est certainement l'une des espèces dont l'aire géographique est la plus étendue. On le rencontre tout à la fois, d'abord à Victoria, où on le désigne sous le nom de *White-Gum* (Gommier blanc), tandis que non loin de là, à Dandemoong, ce nom est changé en celui de *Apple-tree* ; puis en Tasmanie, où on l'appelle *Red-Gum-tree* (Gommier rouge), dénomination générale sous laquelle on connaît vulgairement une vingtaine d'espèces d'Eucalyptus; ensuite dans la Nouvelle-Galles du Sud, où il est estimé sous le nom de *Bastard-box*, et enfin dans l'Australie méridionale. Cette espèce est variable, et on lui connaît déjà plusieurs formes ou variétés qui portent chacune un nom différent. L'une de ces variétés, déterminée par M. Müller sous le nom d'*E. S.* var. *longifolia*, est très répandue dans la Nouvelle-Galles du Sud, où elle porte, selon les localités, les noms de *Grey-Gum*, *Hiccory* et *Turpentine-Gum*. L'*E. Stuartiana* habite les plaines aussi bien que les montagnes, sur lesquelles il ne s'élève pas à de grandes hauteurs, et paraît montrer une préférence pour les terrains fortement arrosés, dans lesquels il acquiert parfois des dimensions énormes. On en a mesuré de 500 pieds de hauteur (152 mètres) sur 10 à 15 et même 25 pieds (de 3 à 7 mètres 50) de diamètre à la base.

4° L'*E. amygdalina*, La Bill., est encore l'un des plus répandus; son aire géographique de dissémination à l'état indigène comprend d'abord les montagnes de la Tasmanie, où on le connaît sous le nom de *Box-tree* ; ensuite la colonie de Victoria, où on le trouve sous ceux de *Red-Gum-tree* et de *Pippermint-tree* (Menthe poivrée); et enfin la Nouvelle-Galles du Sud, où on le désigne sous les noms vulgaires de *Stringy-bark* (Écorce fibreuse) et de *White-Gum* (Gommier blanc). Cette espèce croît dans les vallées les plus élevées, et on distingue sous ce nom deux formes différentes qu'on nomme d'abord *White-pippert-Gum* (Gommier poivre-blanc) et ensuite *Brown-pippert-Gum* (Gommier poivre-brun), par allusion à l'essence que contiennent les feuilles et qui rappelle le parfum de la menthe poivrée. C'est probablement l'une de ces deux formes que M. Müller a décrite sous le nom d'*E. amygdalina*, var. *regnans*. On la trouve dans les montagnes de Dandemoong, sur les bords élevés de l'Upper-Yarra et de l'Upper-Goulburne-River, où elle acquiert des proportions colossales. C'est un arbre de très grandes dimensions, atteignant jusqu'à 130 et même 150 mètres de hauteur, sur plus de quinze mètres de circonférence à la base. On en a mesuré un pied qui avait plus de 20 mètres de tour au niveau du sol, et dont la tige, à une hauteur de 65 mètres, avait encore plus de 4 mètres de circonférence.

5° L'*E. viminalis*, La Bill., est très répandu dans la colonie de Victoria où il est connu sous les noms vulgaires de *Pippermint-Gum*, de *Box-tree* et de *Weeping-Gum*, ainsi que dans la Nouvelle-Galles du Sud sous ceux de *Drooping-Gum*, de *Blue-Gum* et de *Woolly-Butt*. On l'appelle aussi *Swamp-Gum* (Gommier des marais), parce qu'il prospère dans les lieux humides et même marécageux, comme plusieurs autres espèces auxquelles on donne ce nom. En Tasmanie et particulièrement près de Hobart-Town, l'*E. viminalis* porte aussi le nom de *Manna-Gum* (Gommier à la manne), parce qu'en effet, dans ce pays, les arbres de cette espèce excrètent, sous la forme de larmes gommeuses, une résine sucrée, sorte de manne que produisent en abondance les feuilles et les jeunes rameaux, à la suite de la piqûre des insectes ou de blessures accidentelles. C'est un arbre de grande taille, s'élevant parfois jusqu'à 100 mètres et plus de hauteur. Dans la colonie de Victoria, ainsi que dans la Nouvelle-Galles du Sud, il paraît préférer les plaines et ne pas craindre les vents, réduisant considérablement sa taille dans les endroits où il y est le plus exposé. Dans la Tasmanie, au contraire, on le rencontre dans les montagnes jusqu'à plus de 1,000 mètres d'altitude supra-marine. Son écorce rugueuse se détache, comme la plupart des autres espèces, par grandes plaques qui laissent le tronc lisse, d'abord blanchâtre, et passant ensuite au roux et au brun, sous l'influence des agents extérieurs. On suppose que c'est cette même espèce qui est répandue un peu partout en Europe sous les noms d'*E. amygdalina* et d'*E. amygdalina vera.*

6° Nous ne voudrions pas nous étendre aussi longuement sur les particularités relatives à chacune des espèces dont les cinq qui viennent d'être indiquées sont les principales de cette région; aussi nous bornerons-nous à signaler quelles sont dans les forêts de la colonie de Victoria les espèces d'Eucalyptus qui s'y trouvent les plus répandues, en indiquant pour chacune d'elles les noms vulgaires sous lesquels elles sont plus particulièrement connues dans leur pays d'origine :

E. Albens, Miq. — Vulg. *White-box.*
E. bicolor, A. Cunn. — Vulg. *Bastard-box* et *Iron-bark.*
E. dealbata, All. Cunn. — Vulg. *River-Gum* et *Grey-box-tree.*
E. goniocalyx, Müll. — Vulg. *Spoked-Gum* et *White-Gum.*
E. longifolia, Link et Otto. — Vulg. *Bastard-box* et *Wooly-But.*
E. macrochyncha, Müll. — Vulg. *Iron-bark.*
E. oleosa, Müll. — Vulg. *Mallée Scrub.*
E. piperita, Smith. — Vulg. *Pippermint-tree.*
E. robusta, Smith.—Vulg. *Stryngy bark*, *Swamp-mahogany* et *White-mahogany.*
E. virgata, Sieb. — Vulg. *Gum-top.* Etc., etc.

Il convient d'ajouter à cette liste, qui est loin d'être complète, les *E. botryoïdes, leucoxylon* et *rostrata*, que nous retrouverons dans la Nouvelle-Galles du Sud ; il en est de même des *E. coriacea* et *Globulus*, abondants à Victoria, mais qui seront compris dans la liste spéciale des espèces particulières à l'île de Van-Diemen ou Tasmanie, sur les montagnes de laquelle ils peuplent à eux seuls de très vastes forêts.

2° NOUVELLE-GALLES DU SUD.

Immédiatement au nord de la colonie de Victoria se trouve, dans la partie orientale de la Nouvelle-Hollande, la région très vaste à laquelle on a donné le nom de *New-South-Walles* ou Nouvelle-Galles du Sud. Bornée au Nord par le Queensland, elle s'étend à l'Est jusqu'au Grand-Océan Pacifique et à peu près entre le 36e et le 29e parallèle de latitude Sud, depuis le cap Howe jusqu'à la rivière Barwand, qui forme son extrême limite Nord. Elle est limitée au Sud par le fleuve Murray, dont le voisinage aide à l'exploitation des forêts d'Eucalyptus, en facilitant le transport du bois de cet arbre ainsi que celui des autres essences forestières de la région. C'est d'abord le versant ouest de la partie méridionale des montagnes Bleues, et surtout la presque totalité du versant nord des Alpes australiennes, qui peuvent profiter des eaux du fleuve, comme un moyen de transport aussi facile qu'économique. Les bois peuvent ainsi parvenir à toutes les localités situées sur l'immense parcours de ce fleuve jusqu'à son embouchure, et de là, par mer, sur tous les points du littoral où ils doivent être utilisés pour les constructions ou tout autre usage.

Le grand fleuve Murray reçoit comme principaux affluents, d'abord du côté de l'Est les rivières Morumbidgée et Lachlan qui prennent leur source dans les montagnes Bleues et se rejoignent avant de se jeter dans le Murray ; ensuite et surtout le fleuve Darling qui a reçu lui-même de très nombreuses rivières descendant des chaînes de montagnes de la Nouvelle-Galles du Sud et du Queensland.

La Nouvelle-Galles du Sud, d'une superficie de 800,730 kil. carrés, n'avait en 1881 que 751,468 habitants. Cette province est, par conséquent, près de quatre fois plus étendue que la colonie de Victoria, et néanmoins elle est un peu moins peuplée. Toutefois l'accroissement de la population est également très rapide, et la ville de Sidney, sa capitale, la plus ancienne des cités australiennes, puisqu'elle a été fondée en 1788 par Arthur Philip, atteint déjà 250,000 habitants. C'est une grande et belle ville, ornée de magnifiques monuments et de beaux jardins publics ; elle est située dans une contrée fort pittoresque, et son accroissement très rapide en fait la rivale de Melbourne. Son port, l'un des plus beaux du monde, encore mieux placé que celui de Rio-Janeiro, dans une baie bien fermée et entourée de collines élevées, est admiré par tous les voyageurs ; l'entrée en est formée par un étroit goulet entre deux falaises à pic, de sorte que les eaux du port sont toujours tranquilles comme celles d'un lac. Les autres villes de la Nouvelle-Galles du Sud, telles que Paramatta, Newcastle, Maitland, Port-Stephens, Port-Macquarie et Bathurst, se développent avec rapidité, et quelques-unes sont appelées à devenir, par la suite, des cités florissantes.

La ville et le port de Newcastle, situés à l'embouchure du fleuve Hunter, qui descend des monts Liverpool, sont le centre d'un riche bassin houiller dont l'extraction augmente d'année en année, et dépasse déjà annuellement le chiffre respectable de 1,500,000 tonnes

Autour d'Albury, ainsi que de Maitland et de Singleton, sur les bords du même fleuve Hunter, on a créé de nombreux vignobles qui commencent à acquérir une réelle importance

Bathurst est une ville située assez avant dans l'intérieur des terres, à 150 kilom. et à l'O.-N.-O. de Sidney, sous le 33e degré de latitude Sud. Elle a été bâtie par les chercheurs d'or sur le versant occidental des montagnes Bleues et non loin du mont Canabolas, sur les bords de la grande rivière Macquarie et à peu de distance de sa source. Elle est par conséquent située à une altitude assez élevée, dans une contrée très fertile et couverte de gras pâturages. Cette ville, fondée dès 1815, est le centre d'un des principaux gisements d'or, dont les mines sont exploitées depuis fort longtemps.

Indépendamment de la chaîne orientale des montagnes Bleues et des monts Liverpool dont nous avons déjà parlé, la Nouvelle-Galles du Sud possède aussi la chaîne des monts Stanley et des monts de Grey, qui la séparent de la colonie de South-Australia ou Australie méridionale. Sur le versant occidental de ces chaînes de montagnes, et par conséquent à peu près sur la limite qui sépare la Nouvelle-Galles du Sud de l'Australie méridionale, on vient de découvrir près de Silverton d'importantes mines d'argent qui paraissent d'une richesse extraordinaire. Malheureusement cette région, située fort avant dans l'intérieur des terres, soit environ 300 milles (482 kilom.) au nord d'Adelaïde et 600 milles (965 kilom.) à l'ouest de Sidney, manque à peu près complètement d'eau, et il y aura là une difficulté très grande pour l'exploitation de ces mines, quelque riches qu'elles puissent être.

La Nouvelle-Galles du Sud est certainement, de toutes les provinces australiennes, la plus riche en Eucalyptus ; ils y habitent depuis les plaines basses jusqu'aux sommets des montagnes Bleues où ils composent des forêts immenses alternant avec des Conifères et des Acacia. Elle a un grand nombre d'espèces qui lui sont propres ou bien qu'elle possède conjointement avec les autres provinces. Nous allons en énumérer les principales.

1° L'*E. botryoïdes*, Smith., est l'une des espèces les plus répandues. Il est abondant dans la Nouvelle-Galles du Sud, où on l'appelle vulgairement *Bastard-Mahogany*. Son aire de dissémination à l'état indigène s'étend aussi à la colonie de Victoria, où on le connaît sous le nom de *Swamp-Mahogany* (Acajou des marais), et au Queensland sous celui de *Blue-Gum* (Gommier bleu), dénomination qui est également appliquée à beaucoup d'autres espèces. C'est un arbre de taille moyenne, dépassant rarement 40 mètres de hauteur, dont l'écorce est persistante et dont le bois a la réputation d'être l'un des meilleurs.

2° L'*E. leucoxylon*, Müll., généralement connu sous le nom de *Iron-bark* (écorce de fer) et de *Yellow-box* (buis jaune), est désigné sous celui de *Black-Mountain-Ash* (Frêne noir des montagnes), dans les environs de Twefold-Bay. On le trouve aussi dans les parties élevées et montagneuses de Victoria et de l'Australie méridionale sous le nom de *Spirious-Iron-Bark*, généralement sur les terrains quartzeux. Il aurait, dit-on, la réputation de caractériser par sa présence les terrains aurifères, et partagerait avec l'*E. inophloia* ce privilège apprécié des chercheurs d'or. Sa taille est moyenne, le plus souvent de 30 à 40 mètres de hauteur; elle atteint rarement 50 ou 60 mètres, mais seulement dans les forêts épaisses et abritées du vent. Cette espèce se contente des terrains peu fertiles, et s'élève sur les montagnes jusqu'à des altitudes assez considérables.

3° L'*E. polyanthema*, Schauer., qu'on écrit souvent *polyan-*

themos, ne peut pas non plus être rangé parmi les grandes espèces, car il n'atteint guère plus de 60 où 80 mètres, et encore là seulement où il est bien abrité. On le connaît sous les noms de *Bastard-box*, *Grey-box* et *Red-box ;* son bois a la réputation d'être l'un des plus lourds.

4° L'*E. resinifera*, Sm. est une espèce particulière à la Nouvelle-Galles du Sud, où elle est très répandue et où on la connaît, selon les localités, sous les différents noms de *Hickory*, de *Grey-Gum*, de *Leather-Jacket*, et de *Red-mahogany* (Acajou rouge). Dans les environs de Sidney, on l'appelle aussi *Red-Gum-tree* (Gommier rouge). C'est un arbre de croissance rapide, peu exigeant sur la nature du sol et résistant bien à la sécheresse. On confond souvent cette espèce avec l'*E. rostrata*, qui porte aussi le même nom de *Red-Gum*, désignation commune d'ailleurs à un assez grand nombre d'autres espèces et particulièrement aux *E. amygdalina*, *calophylla*, *melliodora*, *odorata*, *Stuartiana* et *tereticornis*.

5° L'*E. rostrata* Schlecht., est encore une espèce très répandue, car on la trouve tout à la fois à Victoria et dans l'Australie méridionale, où on la connaît sous les noms de *Red-Gum-tree* et de *White-Gum*. Elle est très abondante surtout dans la Nouvelle-Galles du Sud, où on la désigne sous le nom de *Flooded-Gum*. Son aire géographique est donc fort étendue. Cette espèce est très variable de forme et il en existe de nombreuses variétés, dues probablement aux conditions du milieu dans lequel elles végètent.

L'*E. rostrata* est très rustique, supportant les grandes chaleurs et les froids assez rigoureux, selon les lieux où il se trouve. Sa croissance est fort rapide; mais, contrairement à l'*E. resinifera*, il aime les sols fertiles, se plaît le long des cours d'eau, et résiste beaucoup moins à la sécheresse. On le trouve aussi dans les terrains marécageux ou inondés par les pluies de l'hiver et restant sous l'eau une partie de l'année. Très abondant au N.-E. de Melbourne, il y résiste à la violence du vent, et affecte dans ce cas une forme touffue, en masse arrondie. Il ne s'élève guère alors au-dessus de 20 à 30 mètres; mais dans les lieux plus abrités c'est un arbre d'assez grande dimension, atteignant 60 et 70 mètres de hauteur sur 9 à 12 mètres de circonférence. On l'appelle aussi *Swamp-mahogany* (Acajou des marais), et on estime tout particulièrement son bois, comme se conservant sain pendant plus longtemps en terre que celui de la plupart des autres Eucalyptus. Aussi est-ce l'espèce la plus utilisée pour les poteaux télégraphiques.

6° La Nouvelle-Galles du Sud étant la région la plus riche en Eucalyptus, beaucoup d'autres espèces auraient pu être citées comme très importantes et méritant une mention spéciale. Nous avons pensé toutefois devoir nous en tenir aux cinq déjà indiquées, afin d'éviter de prolonger outre mesure cette énumération.

Les personnes qui voudraient étudier plus complètement les diverses espèces d'Eucalyptus pourront d'ailleurs recourir aux nombreux ouvrages eucalyptographiques, et particulièrement à ceux de MM. De Candolle, Müller, Bentham et Naudin, qui sont les plus importants. Ils y trouveront, pour chaque espèce, tous les détails qui pourront leur être utiles ou les intéresser. Nous nous bornerons donc à signaler purement et simplement les noms des principales autres espèces qui sont intéressantes à plusieurs titres, et qui méritent par conséquent de ne pas être laissées dans l'oubli.

E. capitellata Smith. — Vulg. *Peppermint-tree* et *Stringy-bark*.
E. citriodora Hooker. — Vulg. *Spotted-Gum*, à Paramatta.
E. corymbosa Sm. — Vulg. *Blood-tree* et *Blood-wood*.
E. eximia Schauer. — Vulg. *Blood-wood*.
E. fabrorum Schlecht. — Vulg. *Stringy-bark*.
E. maculata Hooker. — Vulg. *Spotted-Gum*, à Maitland.
E. pulverulenta Sims. — Vulg. *Argyle-apple*.
E. saligna Smith. — *Grey-Gum* et *White-Gum*.
E. stellulata Siéb. — Vulg. *Lead-Gum*, *Olive-green-Gum* et *White-Gum*.

Parmi les espèces fort nombreuses qui se trouvent encore dans la Nouvelle-Galles du Sud, on peut citer particulièrement, d'abord les *E. Globulus*, *coriacea* et *robusta*, que nous avons déjà signalés dans la colonie de Victoria et que nous rencontrerons encore en Tasmanie; puis les *E. albens*, *amygdalina*, *bicolor*, *dealbata*, *goniocalyx*, *longifolia*, *melliodora*, *obliqua*, *piperita*, *Stuartiana*, *viminalis* et *virgata*, qui peuplent la colonie de Victoria, comme nous l'avons indiqué précédemment ; ensuite les *E. hemiphlæa*, *hæmastoma*, *melanophlæa*, *siderophlæa* et *tereticornis*, que nous allons rencontrer tout à l'heure dans le Queensland ; enfin les *E. crebra* et *pilularis*, que nous retrouverons tout à la fois dans le Queensland et dans l'Australie septentrionale, et l'*E. paniculata*, qui est aussi dans les parties voisines de la South-Australia.

L'aire géographique de dissémination, à l'état indigène, de ces diverses espèces est par conséquent fort étendue, puisque la plupart se rencontrent en même temps dans trois provinces différentes des colonies australiennes. Nous énumérerons plus tard les nombreux services qu'elles rendent, par les produits de diverse nature qu'elles fournissent; nous verrons ensuite le parti qu'il sera possible d'en tirer quand nous examinerons l'aire de dissémination de la culture des Eucalyptus et les conditions climatériques dans lesquelles ces arbres peuvent vivre et se développer à l'état cultivé.

3° Queensland.

Si, après avoir parcouru la Nouvelle-Galles du Sud et suivi à l'est de la Nouvelle-Hollande les côtes de l'océan Pacifique, l'on remonte vers le Nord, c'est-à-dire vers l'Équateur, en franchissant la ramification qui part du mont Lindsay et descend à l'Est jusqu'à Port-Danger ; ou bien que, prenant à l'ouest de la grande chaîne, on traverse la rivière Barwan, on pénétrera chaque fois sur le territoire de la colonie australienne du Queensland. Cette province, dont nous venons d'indiquer la limite Sud, est la plus grande de toutes après l'Australie occidentale ; elle s'étend à l'Ouest jusqu'au territoire de la North-Australia, en face et parallèlement, quoique à une grande distance, des monts Ashburton. Dans sa partie sud-ouest, c'est-à-dire dans la région centrale australienne, la chaîne des monts de Stokes sépare le Queensland de l'Australie méridionale; elle forme le prolongement vers le Nord de celle des monts Stanley et des monts de Grey, qui séparent de leur côté l'Australie méridionale de la Nouvelle-Galles du Sud. Enfin le territoire du Queensland s'étend au Nord sous la forme d'une longue presqu'île s'avançant en pointe jusqu'au cap York, en face de la Nouvelle-Guinée.

Il n'y a guère que 140 kilom. depuis le cap York, extrémité nord-est de l'Australie, jusqu'aux terres papouasiennes de la Nouvelle-Guinée qui lui font face de l'autre côté du détroit de Torrès. La configuration générale de ce détroit permet de supposer que cette île, la plus grande du monde, d'une superficie de 785,362 kilom. carrés, a été autrefois réunie au continent australien. Les îles Talbot, Saïbaï, Jervis, Mulgrave, Banks, Thursday et Prince of Wales, qui s'échelonnent dans la largeur du détroit de Torrès, paraissent en effet émerger de la crête sous-marine qui relie la Papouasie à la Nouvelle-Hollande. Les explorations du célèbre botaniste-voyageur italien Odoardo Beccari, qui a parcouru en 1875 la chaîne des monts Arfak, ainsi que plusieurs autres parties de la Nouvelle-Guinée, ont démontré l'existence, dans cette île immense, de nombreuses espèces végétales qui ont leur équivalent dans la flore australienne. On a cru reconnaître également une certaine similitude de race entre la population autochtone des deux contrées.

Toutefois la flore papouasienne actuelle offre aussi une grande analogie avec la végétation des îles malaises, alors que la faune de la Nouvelle-Guinée est essentiellement australienne. C'est là peut-être une question de latitude et peut-être aussi d'époque de formation géologique. Il y a tout lieu de supposer que la séparation a dû se faire ici pendant la période miocène.

Nous pourrions ajouter que la réunion pourrait bien s'effectuer réellement à nouveau si, comme on l'a observé, les bancs et récifs de corail qui se forment avec une rapidité relativement considérable continuent à se développer comme ils l'ont fait jusqu'à présent. Ces masses corallines enserrent aujourd'hui toute la côte nord-est de l'Australie d'une barrière infranchissable. Elles rendent à peu près impraticable la moitié septentrionale du détroit de Torrès et ne laissent guère pour la navigation que quelques étroits passages ; le canal de Prince-de-Galles, quoique obstrué par des récifs de coraux, est pourtant le meilleur de ces passages pour les navires qui se rendent de la mer des Moluques et de celle d'Arafoura dans la mer de Corail et le Grand-Océan.

La partie du Queensland située entre le Grand-Océan et la mer de Corail à l'Est, la chaîne de montagnes de la Nouvelle-Angleterre à l'Ouest, est arrosée par de nombreux cours d'eau qui prennent leurs sources dans les hautes vallées de cette chaîne. Ce sont surtout les rivières Richmond et Brisbane. Il en est de même de la région des plateaux élevés, situés à l'est de la chaîne des monts Denham ; elle est limitée du côté de l'Océan par une chaîne d'altitude moindre, qui se détache de cette dernière en face de Brisbane et remonte ensuite vers le Nord en longeant le littoral de l'Océan et de la mer de Corail. Ces plateaux sont surtout parcourus, d'abord par le petit fleuve Burnett; puis par les deux rivières Dawson et Mackensie, qui, se réunissant, se frayent alors un passage à travers la chaîne côtière pour se jeter à la mer, près de Rockhampton, dans la baie de Keppel ; ensuite un peu plus au Nord, par les rivières Belyando et Burdekin, qui se réunissent aussi avant leur embouchure commune dans la mer de Corail, près de Townsville et non loin de la baie d'Halifax, sous le 20me degré de latitude.

De nombreux cours d'eau prennent leur source sur le versant occidental de ces chaînes. Ce sont d'abord au Nord les rivières Mitchell, Gilbert, Flinders et Gregory, qui se jettent dans le golfe de Carpentarie. Ce sont ensuite, descendant vers le Sud, la grande rivière Barwan, qui sert de limite entre le Queensland et la Nouvelle-Galles du Sud ; elle se jette, ainsi que les rivières Bogan, Macquarie, Castelreagh, Nammoy et Gwydir, descendant toutes des montagnes de la Nouvelle-Galles du Sud dans le fleuve Darling, qui, après un parcours de 1,200 kilom., mêle lui-même ses eaux à celles du grand fleuve Murray. Ensuite de nombreuses rivières qui prennent leur source dans les montagnes du Queensland descendent aussi vers le Sud et deviennent encore d'autres affluents du Darling. Ce sont surtout les rivières Balonne et Maranoa, qui, se rejoignant, prennent alors le nom de rivière Culgoa ; celle-ci se divise bientôt en plusieurs branches, dont l'une se perd dans un lac, tandis que les autres se rejoignent bientôt pour aller porter leurs eaux dans la rivière Barwan, non loin du fort de Bourke. C'est enfin la grande rivière Warrego, autre affluent du Darling.

Ces nombreux cours d'eau, dont quelques-uns ont un parcours plus long que celui de nos grands fleuves de France, descendent d'abord assez rapidement des montagnes où ils ont pris leur source. Ils parcourent ensuite lentement, et le plus souvent avec une pente insignifiante, l'immense plaine qui occupe toute la partie centrale de l'Australie. Quelques-uns se perdent même dans les lacs formés par des dépressions de terrain et ne se prolongent pas au delà, Ces lacs, dont l'altitude est généralement peu élevée et dont les eaux sont saumâtres, se trouvent presque tous dans la région centrale, qui forme d'une manière générale une immense vallée, depuis le golfe de Carpentarie au Nord-Est et le golfe de Cambridge au Nord-Ouest, jusqu'au golfe Spencer au Sud. On suppose que cette vallée, traversant tout le continent australien dans la direction du Nord au Sud, a été occupée par la mer durant la période tertiaire. De l'autre côté du détroit de Torrès, en face le golfe de Carpentarie, la partie de la Nouvelle-Guinée comprise entre l'île de Frederick-Henry et le Delta du Fly-Rivers formait peut-être le prolongement de cette même vallée à travers les terres papouasiennes ; l'orientation générale, vers le Nord, de la partie supérieure du Fly-Rivers semble l'indiquer. Les bords de ce grand fleuve ont été, comme on le sait, visités en détail et on pourrait dire même découverts par le célèbre voyageur italien Charles d'Albertis, qui à bord du petit vapeur *la Neva* remonta en 1877 le cours du Fly-Rivers dans une exploration pleine d'intérêt et qui ne dura pas moins de huit mois. Ces mêmes bords viennent d'être récemment les témoins de l'insuccès d'une expédition anglaise venue du Queensland, et dont la plupart des membres qui la composaient ont été massacrés par les indigènes.

Quoique occupant une superficie de 1,305,520 kilom. carrés, soit un peu plus du double de la Nouvelle-Galles du Sud et près de huit fois plus grande que la colonie de Victoria, la province de Queensland est par contre beaucoup moins peuplée que ces dernières et n'avait en 1883 que 287,475 habitants. Sa population comparée à celle des deux précédentes provinces n'est donc, à surface égale, guère plus du sixième de celle de la Nouvelle-Galles du Sud, et trente-deux fois moins dense que celle de Victoria. Nous verrons que la disproportion sera encore plus forte pour l'Australie occidentale et surtout pour l'Australie septentrionale. De toutes les provinces australiennes, c'est dans le Queensland que l'accroissement de la population est le plus rapide : il a été de 61 % pendant les dix dernières années (1873-1883). Le Queensland a été constitué en État indépendant en 1859.

Brisbane, capitale de la province, est heureusement située, près de l'embouchure de la rivière de ce nom, dans la baie Moreton. Elle avait près de 36,000 habitants en 1883, et son accroissement, de même que celui d'Ipswich et de Port-Denison, les deux autres principales villes de la province, est relativement considérable, quoique étant loin d'égaler celui de Melbourne, de Sidney et des autres villes du Sud.

Cette région, moins parcourue et par conséquent moins connue que les précédentes, ne paraît pas non plus être aussi riche en Eucalyptus ; les très vastes forêts qui en recouvrent la plus grande partie contiennent beaucoup plus d'autres essences forestières que celles des autres provinces. On connaît déjà un certain nombre d'espèces d'Eucalyptus, qui boisent la partie montagneuse, où la chaleur est moins grande que dans les plaines. Néanmoins, le climat du Queensland est nécessairement, à conditions égales, plus chaud que celui de la Nouvelle-Galles du Sud, beaucoup plus que celui de Victoria, et la différence serait encore plus grande si on le comparait avec celui de la Tasmanie. D'une part, en effet, grâce à sa latitude, toute cette vaste région est beaucoup plus rapprochée de l'Équateur, et, d'autre part, les montagnes qui en recouvrent une bonne partie paraissent être d'une altitude généralement moins élevée. Il faut donc que les Eucalyptus, vivant au Queensland, soient assez résistants à la chaleur. Voici les principales espèces connues jusqu'à présent.

1° L'*E. hemiphlœa* Müll., est ainsi nommé par le savant directeur du jardin botanique de Melbourne, dans sa classification basée sur les caractères de l'écorce. Désigné vulgairement sous le nom de *Box-tree*, il n'est pas seulement indigène au Queensland; on le trouve aussi, comme nous l'avons déjà indiqué, dans les montagnes de la Nouvelle-Galles du Sud. C'est un arbre de moyenne grandeur dont le bois dur est estimé pour les constructions.

2° L'*E. hæmastoma* Smith., connu au Queensland sous le nom de *Spotted-Gum* (Gommier tacheté) et *Black-butt*, se rencontre aussi dans la Nouvelle-Galles du Sud, où on le désigne, selon les diverses régions qu'il habite, sous ceux de *Blue-Gum*, *Mountain-ash-tree* (frêne de montagne) et *White-Gum*. Sa croissance est rapide, même dans les terrains secs, et son tronc bien droit fournit un bois dur et solide, quoique élastique et facile à travailler. On en fait des manches de pelles, de pioches, de haches et même des roues d'engrenage. Les indigènes se servent des jeunes branches pour en confectionner des torches, la résine que contient le bois fournissant une bonne matière éclairante.

3° L'*E. siderophlœa* Benth., se rencontre en abondance dans la partie méridionale du Queensland, où on le désigne sous le nom de *Iron-bark* (écorce de fer), à cause de la dureté excessive de son bois. C'est un arbre atteignant jusqu'à 50 ou 60 mètres de hauteur, qui fournit un bois très estimé à cause de sa résistance et de sa durée ; on l'emploie aussi pour traverses de chemin de fer. Dans la Nouvelle-Galles du Sud, cette espèce est représentée par une forme ou variété qu'on appelle *Large-leaved-iron-bark* et *Greater-Iron-bark* ; M. Bentham l'a décrite sous le nom d'*E. siderophlœa*, var. *rostrata*.

4° L'*E. tereticornis* Smith, préfère les terrains humides, et même marécageux il acquiert d'assez grandes proportions dans les sols fertiles, là surtout où il est abrité. Il ne s'élève pas bien haut dans les montagnes et se montre abondant dans les parties basses de la Nouvelle-Galles du Sud, non loin de Sidney, où on le désigne sous les noms de *Bastard-box* et de *Red-Gum-tree*; mais il est encore plus abondant dans le Queensland, où il forme de vastes forêts au voisinage de Brisbane, et où il est plus particulièrement connu sous le nom de *Blue-Gum*. Son bois résistant et élastique est employé dans les constructions et utilisé pour la carrosserie ; on en fait aussi des poteaux télégraphiques ainsi que des traverses de chemin de fer, et il convient très bien pour ces deux usages, puisqu'on a reconnu qu'il se conserve en terre pendant fort longtemps.

5° Les collines et les montagnes du Queensland contiennent encore plusieurs autres espèces, parmi lesquelles nous devons plus particulièrement mentionner les suivantes :

E. acmenioides Schauer.

E. drepanophylla Müll. — Vulg. *Iron-bark*.

E. melanophlœa Müll. — Vulg. *Iron-bark* et *Silver-leaved-iron-bark*.

E. punctata De Cand.

E. tessellaris Müll., syn. d'*E. viminalis*, Hooker.

Les *E. botryoides*, *citriodora* et *polyanthema*, que nous avons indiqués comme se trouvant dans la Nouvelle-Galles du Sud, se rencontrent aussi dans le Queensland. Il en est de même des *E. crebra* et *pilularis*, que nous retrouverons également dans l'Australie septentrionale, c'est-à-dire dans la partie de la Nouvelle-Hollande la plus voisine de l'Équateur.

4° Australie septentrionale.

Immédiatement à l'ouest de l'immense golfe de Carpentarie s'étend une vaste région, baignée au Nord par la mer d'Arafoura, vers le 11e degré de latitude Sud. Elle constitue la province à laquelle on a donné le nom de *North-Australia territory* (Australie septentrionale) ou Terre d'Alexandra. Le tropique du Capricorne la traverse dans sa partie inférieure, à peu près à la hauteur de la chaîne des monts Mac-Donnell, de même qu'il traverse aussi le Queensland et l'Australie occidentale. Elle est limitée en outre, à l'Est par le Queensland, à l'Ouest par l'Australie occidentale et au Sud par l'Australie méridionale. En 1883, sa population totale s'élevait à peine à 3,461 habitants ; elle occupe pourtant une superficie de 1,356,120 kilomètres carrés, c'est-à-dire dépassant deux fois et demie la surface de la France entière. On peut donc dire que cette immense région est à peu près déserte, et on pourrait ajouter aussi qu'elle est à peu près inconnue. On pense que les indigènes qui l'habitent sont de même race que les naturels de la Nouvelle-Guinée. Ils se sont montrés hostiles à la colonisation européenne ; mais, de même que dans les autres provinces, leur nombre diminue d'année en année.

La petite ville de Victoria, bâtie dans la péninsule Coburg, à l'est du golfe de Van-Diemen et de l'île de Melville, est la capitale de cette vaste colonie qui n'a pas encore attiré beaucoup de colons.

Les voyageurs Burke, Wills et King traversèrent les premiers en 1860 tout le continent australien dans la direction du Sud au Nord. Ils partirent de Melbourne et d'Adélaïde dans le golfe Saint-Vincent, pour arriver au golfe de Carpentarie, ainsi nommé par Carstenz qui le découvrit en 1623. Les deux premiers périrent victimes de leur dévouement alors qu'ils étaient pourtant arrivés au terme de leur voyage d'exploration. En 1862, un autre voyageur, John Stuart, traversa également toute l'Australie du Sud au Nord et arriva aux côtes septentrionales après avoir descendu la rivière Adélaïde jusqu'à son embouchure dans le golfe de Van-Diemen. Il parcourut donc entièrement la province de North-Australia, en franchissant la chaîne transversale des monts Mac-Donnell et longeant, sur toute son étendue, la chaîne des monts Ashburton, qui forment par leur ensemble de véritables Alpes centrales. Il reconnut au passage plusieurs rivières ainsi que quelques-uns des nombreux lacs marécageux qui se trouvent à l'intérieur et dont les principaux, situés dans la partie Central-Sud, sont nommés Torrens, Eyre et Amédée. La route qu'il avait suivie fut adoptée comme direction à donner pour la grande ligne télégraphique établie de 1870 à 1872, et qui traverse tout le continent australien en le coupant par le milieu du Sud au Nord.

Enfin, en 1873 et 1874, M. Ernest Giles a parcouru et nous a fait connaître [1] beaucoup mieux que tous ses prédécesseurs la région centrale de l'Australie comprise en partie dans la Western-Australia et la South-Australia, mais surtout dans le territoire de l'Australie septentrionale. Il a précisé géographiquement toute la région comprise entre les rivières Finke et Hamilton au Sud-Est, la chaîne des monts Mac-Donnell au Nord-Est et toute la partie montagneuse qui s'étend à la hauteur du 26° parallèle, depuis les monts Anthony à l'Est jusqu'aux monts Colonel's, qui en forment l'extrémité occidentale du côté du désert Gibson. La partie ouest de cette région, entre le 24° et le 25e degré de latitude Sud, est occupée par le vaste lac Amédée, d'une surface trois ou quatre fois plus grande que celle de notre lac Léman ; ses eaux, qui n'ont pas d'issue, sont saumâtres et généralement peu profondes. Au Sud et au Sud-Ouest, la chaîne à laquelle appartiennent les monts Conner et Olga, la chaîne des monts Pétermann et celle des monts Rawlinson sont boisées et parcourues par plusieurs rivières qui vont se jeter dans ce lac.

Les nombreuses espèces de plantes nouvelles que M. Giles a découvertes dans l'immense région qu'il a parcourue se chiffrent par plusieurs centaines. Dans le nombre se trouvent un Palmier, le *Livistona Mariæ* ; une Conifère, le *Callitris verrucosa*, et une Casuarinée, le *Casuarina Decaisneana* ; puis six Protéacées, cinq Sterculiacées et huit espèces d'*Acacia* ; enfin d'autres nombreuses espèces appartenant à la famille des Légumineuses et à celles des Solanées, des Myoporinées, etc., etc. Il a découvert cinq espèces de Myrtacées, parmi lesquelles un seul Eucalyptus

[1] *Geographic travels in Central Australia from* 1872 *to* 1874, by Ernest Giles.-Melbourne, 1875.

nouveau, l'*E. pachyphylla* Müll., qu'il a trouvé dans la Glen of Palms.

Entre cette région et en remontant vers le Nord jusqu'au golfe de Carpentarie au Nord-Est et au golfe de Cambridge au Nord-Ouest, c'est-à-dire depuis le 23° jusqu'au 13° degré de latitude Sud, s'étend une immense région peu connue, qui est parcourue par d'importantes chaînes de montagnes paraissant assez élevées.

Toutes ces Alpes centrales, peu explorées encore, doivent sans aucun doute être riches en *Eucalyptus*, mais surtout en *Acacia*. Peut-être trouverait-on au pied de ces montagnes et sur la lisière des grandes plaines sablonneuses qui s'étendent vers le Nord et surtout vers l'Ouest, plusieurs espèces d'*Acacia-Gommiers* comme on en trouve en Tunisie dans la région des Chotts, ainsi qu'au Sénégal dans des situations équivalentes. On connaît déjà plus de 350 espèces d'*Acacia*, presque toutes originaires de l'Australie, et on est certainement bien loin d'avoir découvert toutes celles qui peuvent exister encore dans les immenses régions, restées désertes, du vaste continent insulaire australien.

Les espèces d'*Eucalyptus* particulières à la North-Australia ont été trouvées dans la région des côtes, la seule qui soit encore réellement connue. Aussi sont-elles en petit nombre, comme on va pouvoir en juger par l'énumération suivante :

1° L'*E. brachypoda* Turczaninow, se contente des terrains secs, sur les collines de l'Australie septentrionale, où il est désigné sous le nom vulgaire de *Box-tree*. C'est évidemment une espèce qui ne doit pas craindre les chaleurs excessives ; en effet, dans cette région intratropicale et à peu près aussi voisine de l'Équateur que du tropique du Capricorne, la chaleur doit être fort intense pendant les mois d'été, au moins dans l'intérieur des terres, alors que sur les côtes elle est fortement tempérée par la brise de mer.

2° L'*E. crebra* Müll., se trouve aussi dans le Queensland et même dans la Nouvelle-Galles du Sud, où on le connaît sous le nom de *Iron-bark*, par allusion à la dureté excessive de son bois, qu'on utilise à toutes sortes d'usages et surtout pour les constructions et le charronnage.

3° L'*E. pilularis* Smith., est encore une espèce qui se trouve aussi au Queensland et même dans la Nouvelle-Galles du Sud. On la connaît sous les noms vulgaires de *Black-butt*, *Flint-wood*, *Great-black* et *Culled-Gum*. L'arbre devient assez grand, son tronc est droit et son écorce noirâtre ; il se développe de préférence dans les lieux secs et caillouteux. Son bois est également de bonne qualité et employé à divers usages.

4° L'*E. tetrodonta* Müll., connu vulgairement sous le nom de *Stringy-bark*, est une espèce d'assez grande dimension, dont l'écorce fibreuse, employée comme matière textile pour la fabrication des cordes, est fort estimée des colons et des indigènes, qui l'utilisent pour divers usages.

5° L'*E. tessellaris* Müller, qui se retrouve aussi dans le Queensland, serait, dit-on, synonyme de l'arbre décrit par Hooker sous le nom d'*E. viminalis*. Ce dernier nom appartient au contraire à l'espèce décrite par La Billardière ; nous l'avons déjà signalée dans la colonie de Victoria et nous la retrouverons encore en Tasmanie.

Ces cinq espèces, de même que beaucoup d'autres encore peu connues, sont par excellence les *Eucalyptus* des pays chauds ; il est probable qu'elles ne sauraient convenir en aucune façon pour la culture dans la partie froide de notre région méditerranéenne.

L'*E. polyanthema*, que nous avons indiqué comme se trouvant dans la Nouvelle-Galles du Sud, se rencontre aussi dans la colonie de Victoria et dans le Queensland ; nous le retrouvons également dans le territoire du Nord. Cette espèce serait, paraît-il, synonyme de l'*E. populifolia* Hooker.

5° Australie occidentale.

Si nous parcourons toute l'étendue des côtes australiennes de l'océan Indien s'étendant depuis le golfe de Cambridge et les caps Londonderry et Bougainville, qui l'avoisinent à l'Ouest vers le 13° degré de latitude Sud, et que nous nous dirigions vers le Sud-Ouest, nous parviendrons d'abord au cap Nord-Ouest, c'est-à-dire presque jusqu'au tropique du Capricorne. Puis, si nous descendons directement du Nord au Midi jusqu'à la pointe d'Entrecasteaux, et que nous tournions enfin brusquement à l'Est, nous arriverons ainsi jusqu'à la terre de Nuyts. Parvenus dans cette partie méridionale, nous aurons suivi, dans ses sinuosités, l'immense développement des côtes occidentales du continent insulaire australien, qui ne comprennent pas moins d'environ 3,800 kil. Elles appartiennent en totalité à la province de West-Australia ou Australie occidentale, que l'on désigne aussi sous le nom de colonie de Swan-River (rivière des Cygnes), et qui fut découverte en 1697. Ce n'est toutefois qu'en 1826 que les Anglais ont commencé à la coloniser.

Cette province est la plus vaste des six colonies australiennes. Elle occupe presque le tiers du continent, soit une superficie de 2,527,281 kilom. carrés, c'est-à-dire près de cinq fois la surface totale de la France. On n'y compte, d'après le recensement de 1883, que 31,700 habitants, mais ici, de même que dans toutes les autres provinces, la population indigène n'est pas comprise dans ce chiffre. L'accroissement de la population pendant ces dix dernières années (1873 à 1883) a été de 20 %. Moins rapide que dans la Nouvelle-Galles du Sud (40 %) et l'Australie méridionale (44 %), il l'est surtout beaucoup moins que dans le Queensland (61 %) ; cet accroissement a été pourtant plus rapide que celui de la colonie de Victoria (16 %), et surtout de la Tasmanie (13 %) pendant cette même période de dix années. La ville de Perth, située au Sud-Est près de l'embouchure de la Swan-River (rivière des Cygnes), est la capitale de l'Australie occidentale, et ses environs ont remplacé Port-Jackson, qui avait déjà remplacé lui-même Botany-Bay comme lieu de déportation des convicts que lui envoie la mère-patrie. Cette cité, relativement ancienne, a été fondée par des marchands anglais qui y établirent un comptoir vers la fin du dernier siècle. Les autres villes, peu considérables encore, d'Albany et Freemantle se développent lentement, mais elles sont appelées dans l'avenir à prendre, comme leurs rivales du Sud-Est, une rapide extension.

On peut dire que l'intérieur de l'immense territoire de l'Australie occidentale est à peu près inconnu. Il n'a guère été visité que par quelques explorateurs, qui ont donné des renseignements assez vagues sur les régions qu'ils ont traversées. On sait cependant que la plus grande partie est occupée par des plateaux dont la hauteur moyenne varie entre 300 et 500 mètres ; il en est de même de presque tout le territoire de l'Australie septentrionale ainsi que de la partie du Queensland située à l'ouest de sa grande chaîne de montagnes. Les côtes ont été souvent visitées par les navigateurs, qui se sont succédé depuis leur découverte, particulièrement à la fin du dernier siècle et au commencement de celui-ci. Plus récemment, les frères Forrest ont traversé la partie méridionale de la West-Australia depuis Perth jusqu'à Adélaïde, et signalé l'existence de vastes plaines propres surtout à l'élevage des chevaux. Ce n'est réellement que la partie sud-ouest qui soit colonisée et dont on connaisse un peu l'intérieur. Le territoire de cette partie commence à être cultivé et s'est montré généralement fertile ; les céréales, les blés surtout, y donnent de magnifiques rendements. La Vigne aussi prospère très bien dans cette région et produit un vin blanc assez estimé. Cette province est parcourue au Sud par la chaîne des monts Stirling, qui se continue, en allant vers l'Équateur, par la chaîne des montagnes occidentales et en suivant une direction presque toujours parallèle à la côte. Des plateaux assez élevés, qui constituent le relief de la plus grande partie du territoire de la West-Australia, descendent un grand nombre de rivières, sortes de fleuves côtiers qui se jettent dans la mer en arrosant sur leur parcours toute la région intermédiaire. Ce sont d'abord les rivières Grey, Yule, Fortescue, Ashburton, Gascoyne, Murchison, et ensuite la rivière des Cygnes. Il y a aussi plusieurs lacs, dont l'un, le lac Moore, est le plus important. C'est également dans cette région, riche en belles espèces, qu'ont été trouvés les divers *Eucalyptus* découverts jusqu'à présent dans l'Australie occidentale. Leur nombre en est déjà assez considérable, et il augmentera progressivement au fur et à mesure que la colonisation prendra de l'extension. Nous nous bornerons à citer les espèces suivantes parmi celles de cette région qui sont les plus remarquables.

1° L'*E. calophylla* Rob. Br., décrit aussi par Hooker sous le nom d'*E. splachnicarpon*, a été découvert par Allan Cunningham aux environs de King-George-Sound, où il est très abondant. On le désigne sous le nom vulgaire et trop vague de *Red-Gum-tree*, qui s'applique, ainsi que nous l'avons vu, à beaucoup d'autres espèces. C'est un très bel arbre pour avenues, dont les feuilles lauriformes, grandes et luisantes, sont souvent colorées en rouge avec des nervures divergentes. Il élève sa tige très droite jusqu'à 40 et même 50 mètres de hauteur et prospère dans les terrains secs ; mais on lui reproche d'être d'une croissance trop lente et de souffrir à la fois de la chaleur et du froid. C'est, en somme, l'une des plus belles espèces, qui serait, si elle était plus rustique, très estimée pour ses qualités ornementales.

2° L'*E. cornuta* La Bill., peuple de vastes forêts dans l'ouest et surtout dans le sud-ouest de l'Australie, où les colons le désignent sous les noms vulgaires de *Yeit* et de *Yate-tree*. C'est, d'après M. Müller, un grand arbre végétant bien et croissant rapidement dans les sols un peu humides. Il fournit un bois lourd, d'une densité supérieure même à celle de l'eau et fort apprécié par les charpentiers, les charrons et les menuisiers.

3° L'*E. diversicolor* Müll., connu aussi sous le nom d'*E. colossea*, est un arbre d'une croissance rapide, très élégant par son port et son feuillage et atteignant jusqu'à 400 pieds (122 mèt.) de hauteur. Dans les montagnes de la chaîne occidentale, où il est très abondant et où on le connaît sous le nom trop commun de *Blue-Gum* et surtout sous celui plus particulier de *Karri*, l'*E. diversicolor* se montre très rustique et peu difficile sur la nature du terrain. On le rencontre jusque dans les régions alpestres, où les gelées sont assez fréquentes et où la neige tombe souvent. C'est donc une espèce peu frileuse, qui convient particulièrement, de même que quelques autres de l'Australie méridionale, de la colonie de Victoria et surtout de la Tasmanie, pour en essayer la culture dans notre région méditerranéenne. Son bois est l'un des plus estimés de toutes les espèces qui peuplent cette région ; on l'emploie avantageusement pour les constructions et là surtout où il faut des poutres de grande longueur.

4° L'*E. marginata* Smith, est peut-être l'espèce la plus répandue dans l'Australie occidentale. Aussi a-t-elle de nombreuses désignations vulgaires selon les diverses régions où elle se trouve. On l'y connaît sous les noms différents de *Bastard-mahogany* (acajou bâtard) ou tout simplement *Mahogany*, *Blood-wood* (bois sanguin), *Djaryl* et *Jarrah*. C'est un arbre d'assez grande dimension, mais dont la croissance est lente. Il se plaît dans les vallées humides des montagnes ferrugineuses, et on le rencontre particulièrement dans celles voisines de la mer. Par l'altitude considérable à laquelle on le trouve, l'*E. marginata* peut être compris parmi les espèces alpestres. Son bois, de couleur foncée rappelant un peu le bois de rose, est dur, lourd et son grain est très serré ; il est considéré comme le meilleur de tous, autant comme beauté que comme utilité. On lui accorde la réputation de résister aux ravages du taret et d'être impénétrable au termite, ainsi qu'à tous les insectes qui détériorent le bois de beaucoup d'autres espèces ; aussi l'appelle-t-on *Diamant des forêts*. Il s'en exporte de grandes quantités, dans l'Inde surtout, où les troncs d'*E. marginata* sont employés en traverses de chemin de fer, et on a reconnu qu'elles étaient les plus durables de toutes. On en a fait aussi des pilotis de pont qui, après vingt-cinq ans de service, étaient en parfait état ; l'un de ces pilotis fut trouvé très sain et, ayant été raboté et poli, put être envoyé à l'Exposition de Londres, où il fut considéré comme une curiosité.

5° L'Australie occidentale possède encore de nombreuses autres espèces parmi lesquelles il convient d'en citer quelques-unes :

E. concolor Schauer.
E. decipiens Endl. — Vulg. *Flooded-Gum*.
E. doratoxylon Müll. — Vulg. *Spear-wood*.
E. erythrocorys Müll. — Vulg. *Illyari*.
E. ficifolia Müll. — Vulg. *Black-butt*.

E. loxophleba Benth. —Vulg. *York-Gum.*
E. microtheca Benth.— Vulg. *Black-box-tree.*
E. occidentalis Endl. —Vulg. *Grey-box-tree.*
E. patens Benth.— Vulg. *Black-butt.*
E. platypus Hook.— Vulg. *Maalok.*
E. rudis Endl.— Vulg. *Flooded-Gum* et *Swamp-Gum.*

L'*E. citriodora*, que nous avons déjà mentionné comme étant au Queensland, et l'*E. megacarpa*, que nous rencontrerons encore dans l'Australie méridionale, se retrouvent également à l'état indigène dans la West-Australia, où ils peuplent en plusieurs endroits des forêts assez étendues.

6° Australie méridionale.

Située entre la colonie de Victoria au Sud-Est, la Nouvelle-Galles du Sud à l'Est, le Queensland au Nord-Est, l'Australie septentrionale au Nord, l'Australie occidentale à l'Ouest et les côtes de l'océan Indien au Sud, la province connue sous le nom de South-Australia (Australie méridionale) occupe une superficie de 983,655 kilom. carrés, soit près de deux fois la surface de la France entière. Elle a été constituée en État indépendant en 1856. Sa population de 304,515 habitants, quoique insignifiante par elle-même pour une étendue aussi vaste, est relativement considérable si on la compare à celle de la plupart des autres provinces ; elle est en effet plus grande, en proportion de la surface, que celle de chacune des provinces de Queensland, de North-Australia et de West-Australia. L'accroissement de la population pour une période de dix années (1873 à 1883) s'est élevé à 44 °/₀ ; seule, la province de Queensland, encore plus prospère, nous montre un chiffre plus considérable.

Plusieurs chaînes de montagnes traversent le territoire de l'Australie méridionale. C'est surtout la chaîne des monts Flinders, qui le parcourt du Sud au Nord, depuis le bord de la mer et non loin d'Adélaïde, jusqu'aux monts Serle près des lacs Grégory. Ceux-ci sont mis en communication avec le grand lac

Eyre, qui ne mesure pas moins de 175 kilom. de long sur 85 de large ; ses eaux sont salées et son altitude est à peine de 21 mètres au-dessus du niveau de la mer. Il reçoit lui-même plusieurs cours d'eau importants et surtout la grande rivière Barcou ou Cooper, qui descend des montagnes du Queensland. Au sud du lac Eyre, le lac Torrens occupe la dépression comprise entre les monts Flinders à l'Est et les monts Stuart à l'Ouest. Enfin, au sud-ouest du lac Torrens, le lac Rouge, le lac Hart, le lac Yonnghusband et surtout le grand lac Gairdner, occupent les parties basses de la vaste plaine, d'une altitude de 100 mètres environ au-dessus du niveau de la mer, qui s'étend entre la chaîne des monts Stuart au Nord et celle des monts Gawler au Sud. Au nord du vaste lac Eyre, un immense désert pierreux s'étend dans la partie centrale, jusque dans le Queensland et la North-Australia.

La capitale, Adélaïde ou Port-Adélaïde, a pris une rapide extension, et c'est aujourd'hui une belle ville dont la population s'élevait à 38,500 habitants à la fin de 1883. Les autres villes principales, Kapunda, Kooringa et Port-Lincoln, commencent à se développer, et on pense que leur accroissement sera rapide. Cette région offre en effet sous beaucoup de rapports une assez grande analogie avec la colonie voisine de Victoria et la province du New-South-Wales. Elle a aussi ses chaînes de montagnes et même ses régions alpestres. Le pays est boisé, abondant en pâturages, et il possède des mines de cuivre et de plomb. On commence à y cultiver la Vigne avec succès, et les céréales, le blé surtout, y donnent de bons résultats.

La production pour toute l'Australie a été, en 1884, de 87,000 hectolitres de vin et 12 millions d'hectolitres de blé. La variété de blé cultivée en Australie donne une paille pleine, haute et très forte, résistant parfaitement à la verse et à la rouille ; l'épi, carré, très gros et armé de longues barbes, fournit un grain rougeâtre, plein et de bonne qualité. Cultivée en France, cette sorte de blé a mûri généralement de dix à quinze jours plus tard que les autres. La culture du blé prend en Australie une extension de plus en plus grande et fournit aujourd'hui un contingent assez important pour l'exportation. Du 1er janvier au 30 septembre 1885, il avait été déjà importé en Angleterre plus de 3 millions d'hectolitres de blé d'Australie.

Les terres cultivées occupent actuellement, pour toute l'Australie, une surface dépassant 8 millions d'acres, soit plus de 3 millions d'hectares; cette surface a presque décuplé depuis dix ans, ce qui démontre le développement rapide de l'agriculture dans les diverses colonies australiennes, grâce aux conditions éminemment favorables de sol et de climat, et certainement aussi, grâce à des institutions libérales qui offrent toutes les garanties désirables de protection et de stabilité. Si, comme il y a tout lieu de le croire, la culture des céréales en Australie continue à se développer dans les mêmes proportions, les blés australiens viendront bientôt, comme ceux de l'Inde et de l'Amérique, apporter sur nos marchés leur contingent de concurrence à nos blés de culture française. Ces divers pays, ne se ruinant pas comme nous en armements et autres dépenses improductives, pourront continuer à produire dans des conditions beaucoup plus économiques ; de sorte que la concurrence de la part de notre agriculture écrasée d'impôts deviendra, si l'on n'y prend garde, absolument impossible.

Les pâturages, très abondants en Australie, nourrissaient un million de chevaux, 8 millions de bêtes à cornes, 61 millions de moutons, et les productions diverses de tout ce bétail (laine, peaux, viande conservée ou congelée, etc.) s'élevaient à 800 millions de francs. La production des laines dépassait un million de balles, et leur qualité, comme on le sait, est tout à fait supérieure.

L'île des Kangourous, en face du golfe Saint-Vincent et au sud de la péninsule d'York, avec sa chaîne des Monts-Torrens, qui s'aperçoit de fort loin en pleine mer, dépend de la South-Australia; elle est assez boisée, mais dépourvue d'eau douce et absolument inhabitée, si ce n'est par de nombreux kangourous, ce qui lui a valu le nom que lui donna Flinders quand il la découvrit en 1808.

Les montagnes de l'Australie méridionale contiennent de nombreuses forêts d'Eucalyptus appartenant surtout aux espèces dont nous allons rapidement énumérer les principales.

1° L'*E. fissilis* est une espèce alpestre, peu sensible au froid et habitant sur les plus hautes montagnes de la South-Australia, de même que sur les Alpes australiennes, près de Melbourne, dans la colonie de Victoria. On lui donne le nom de *Messmate* et de *Dardogne*. C'est un arbre de très grande taille, atteignant jusqu'à 500 pieds (152 mèt.) de hauteur, et vivant néanmoins sur des montagnes dont le sol est peu fertile. Il préfère pourtant un terrain humide, et c'est dans les vallées encaissées, dont le fond est rempli d'une couche profonde d'alluvions, qu'on lui voit acquérir les gigantesques proportions que nous venons d'indiquer. Souvent son tronc se bifurque, et son bois, d'excellente qualité, est employé pour les constructions et dans la carrosserie.

2° L' *E. megacarpa* Müll., connu aussi sous le nom trop vulgaire de *Blue-Gum* (gommier bleu), est encore une espèce alpestre vivant à de grandes hauteurs sur les montagnes de l'Australie méridionale et de la West-Australia. L'arbre, de taille moyenne, dépassant rarement 30 ou 40 mèt. de hauteur, se développe assez rapidement dans les terrains humides.

3° L'*E. odorata* Behr., également rangé parmi les espèces alpestres, se rencontre fréquemment dans les montagnes de la South-Australia et de la colonie de Victoria, où il est connu sous les noms de *Peppermint-tree* (arbre à la menthe poivrée) et sous celui très commun de *Red-Gum-tree* (gommier rouge). Cet arbre ne craint pas la sécheresse et se développe dans les terrains élevés, découverts et surtout de nature calcaire. Il devient moins grand que l'*E. Globulus*, se ramifie beaucoup, et on emploie les fibres de son écorce pour fabriquer des nattes et des paillassons.

4° L'*E. paniculata* Smith, se rencontre tout à la fois dans les montagnes de la South-Australia sous le nom de *White-Gum* (gommier blanc), et dans les montagnes voisines de la Nouvelle-Galles du Sud sous celui de *Dark-iron-bark* (brune écorce de fer). Il existe aussi, dans une autre région de cette dernière province, une forme différente, à feuilles plus étroites, déterminée sous le nom d'*E. paniculata*, var. *angustifolia*, et que les colons désignent sous celui de *Narrow-leaved-iron-bark*. L'arbre se ramifie peu et son tronc n'est généralement pas droit. Le bois est très dur et peut servir à plusieurs usages.

5° Plusieurs autres espèces se trouvent encore dans diverses régions de la South-Australia. Ce sont plus particulièrement celles que nous allons désigner comme étant les plus importantes:

E. acervula Benth.
E. corynocalyx Müll.
E. gomphocephala Benth.— ulg. *Stuart-tree*.
E. pendula All. Cunn.

Parmi les espèces qui peuplent encore les forêts de l'Australie méridionale, il en est deux, les *E. microtheca* et *citriodora*, qui se trouvent aussi dans la West-Australia. Cette dernière espèce, très curieuse par son *facies* tout particulier et fort intéressante par l'odeur caractéristique de ses feuilles, qui sont très riches en huile essentielle, se rencontre encore dans la Nouvelle-Galles du Sud et dans le Queensland. Trois autres espèces, les *E. leucoxylon*, *rostrata* et *Stuartiana*, sont indigènes tout à la fois dans la Nouvelle-Galles du Sud et dans la colonie de Victoria; ensuite les *E. goniocalyx* et *viminalis* se rencontrent aussi dans cette dernière province. Enfin, nous retrouverons également les *E. Stuartiana* et *viminalis* dans l'île de Van-Diemen ou Tasmanie, en compagnie de beaucoup d'autres espèces non moins intéressantes.

D'après M. Bentham, l'*E. pendula* All. Cunn., que nous venons d'indiquer comme se trouvant dans l'Australie méridionale, se rencontre encore tout à la fois au Queensland, dans la Nouvelle-Galles du Sud et dans la colonie de Victoria. Ce serait, paraît-il, la même espèce que nous avons déjà indiquée sous le nom d'*E. bicolor*, et comme se trouvant dans ces deux dernières provinces. De même, l'*E. persicifolia* Lodd., ne serait pas autre chose que l'*E. viminalis* La Bill., que nous venons de citer. Cette espèce serait tout à fait différente de celle décrite à tort par Hooker sous le même nom d'*E. viminalis*, comme ne se trouvant que dans le Queensland et le territoire du Nord, et que M. F. Müller a déterminée plus exactement sous le nom d'*E. tessellaris*.

7° Tasmanie.

(Voir la Carte spéciale à la fin du volume.)

Placée à l'extrémité méridionale ou plutôt au sud-est du continent australien, dont elle n'est séparée que par le détroit de Bass, la grande île de Van Diemen fut découverte le 24 novembre 1642 par le voyageur hollandais Tasman, qui lui donna le nom du gouverneur de Batavia. Dépendant d'abord de la Nouvelle-Galles-du-Sud, elle en fut séparée le 3 décembre 1825 et érigée en colonie autonome; son nom fut changé en celui de Tasmanie, suivant une décision prise en 1854 par le conseil électif qui l'administrait à cette époque.

Cette île est fort grande, puisqu'elle mesure environ 300 kilom. de longueur du Nord au Sud, 240 kilom. de largeur de l'Est à l'Ouest, et 68,047 kilom. carrés de superficie. Son territoire est donc à peu près le sixième de la France entière. Enfin, sa population était en 1883 de 126,220 habitants, c'est-à-dire la plus nombreuse, à étendue égale, de toutes les provinces australiennes, si l'on excepte toutefois la colonie de Victoria. Cependant, l'accroissement pendant ces dix dernières années (1873 à 1883) a été moins rapide que dans les autres provinces du continent australien. Il n'a été que de 13 %, supérieur pourtant à celui de l'ensemble de l'Europe, qui n'a guère dépassé 9 % pendant cette même période de dix années.

Au commencement de ce siècle, c'est-à-dire avant l'occupation anglaise, la Tasmanie était peuplée d'aborigènes au nombre de 5 ou 6,000, qui la possédaient en entier et vivaient de ses produits naturels. Ils appartenaient à la même race qui habitait les terres du continent voisin, et qui l'habite encore aujourd'hui, quoique se tenant partout à l'écart et s'éloignant de tous les centres de colonisation.

Les Anglais, qui s'établirent dans l'île en 1804, eurent à combattre l'hostilité de ses habitants; ne pouvant parvenir à les soumettre, ils en massacrèrent impitoyablement le plus grand nombre dans les divers combats qu'ils durent leur livrer. C'était un moyen aussi odieux que commode pour faire place libre aux nouveaux colons. En 1835, il ne restait plus que 111 de ces malheureux. Leurs oppresseurs les transportèrent dans l'île Flinders, l'une des îles Furneaux située à l'entrée orientale du détroit de Bass ; ils y vécurent misérablement et ne tardèrent pas à dépérir jusqu'au dernier. De sorte qu'aujourd'hui il ne reste plus, dans toute l'île de Van Diemen ou Tasmanie, un seul des indigènes qui l'habitaient exclusivement à la fin du dernier siècle et les premières années de celui-ci.

La capitale de la Tasmanie, Hobart-Town, qu'on n'appelle plus maintenant que Hobart, est située sous le 42° 45′ de latitude Sud. Très agréablement placée à l'embouchure de la Derwent, elle est bien bâtie, ornée de nombreux édifices publics, et percée de belles rues larges et alignées. Sa population, qui augmente rapidement, était en 1883 de 25,265 habitants. Son excellent port sert de relâche aux navires qui vont à la pêche de la baleine.

Les autres villes principales de la Tasmanie, telles que New-Norfolk, Port-Arthur, Georgetown et Launceston, se développent aussi avec rapidité; cette dernière, située près de l'embouchure de la Tamar, est déjà une jolie petite ville peuplée de 17,000 habitants et dont le port, placé au fond de la rade de Dalrymple, est très fréquenté par les navires allant à Hobart, Sidney et Melbourne.

Contrairement à l'île des Kangourous, qui est dépourvue d'eau douce, la Tasmanie est parcourue par de nombreuses rivières dont les plus importantes sont la Tamar et la Forth, qui coulent vers le Nord, la Swan à l'Est, la Derwent et le fleuve Huon au Sud; enfin le fleuve Gordon et les rivières King, Pieman et Arthur, qui se jettent à l'Ouest dans l'océan Indien. La plupart de ces fleuves ou de ces rivières forment à leur embouchure des baies profondes : telle est par exemple la baie Storm à l'embouchure de la Derwent et la baie Taylor à celle du fleuve Huon. Elles forment d'autres fois des rades immenses et fermées par un étroit goulet, comme par exemple la rade de Dalrymple à l'embouchure de la Tamar et celle de Macquarie à l'embouchure du fleuve Gordon.

Le pays est presque partout montagneux, accidenté, quelquefois même escarpé et ne manquant pas de sites pittoresques, au moins dans quelques-unes de ses parties. Le sol est généralement boisé ou gazonné, presque toujours fertile et bien arrosé. Les rivières descendant des hautes vallées ont des rapides et même des cataractes, et leur cours sinueux, serpentant à travers les escarpements des montagnes, fournit des sites comparables comme pittoresque à ceux de la Suisse ou des Pyrénées.

De même que le continent australien, la Tasmanie est traversée du Nord au Sud par une dépression continue, sorte de plateau élevé entre les deux massifs montagneux de l'Est et de l'Ouest. Cette dépression affecte, d'une manière générale, la forme d'une vallée de largeur variable, se divisant en deux parties, dont l'une descend au Nord vers le détroit de Bass, et dont l'autre, de beaucoup la plus longue, se dirige vers le Sud. Le col ou point de partage des eaux se trouve à l'est du mont Ironstone, vers 41° 40' de latitude. C'est près de là que prennent leur source la Leader, affluent de la Mersey, ainsi que la Dairy, la Western, la Liffay et de nombreux autres affluents de la Tamar qui vont apporter leurs eaux dans la rade de Sorell et dans celle de Dalrymple au nord de la Tasmanie.

Le versant sud de cette vallée à deux pentes comprend un vaste plateau accidenté. Il est bordé du côté de l'Est par la double chaîne entre laquelle coule la grande rivière Macquarie, principal affluent de la Tamar. Les monts Adelaïde forment sa limite occidentale. C'est sur les versants de ces monts que prennent leur source, d'un côté la Fischer, qui descend vers le Nord et forme bientôt la Mersey; de l'autre côté et à peu de distance, la Nive, la Shannon, ainsi que la grande et la petite rivière des Pins, qui descendent vers le Sud en devenant bientôt des affluents de la Derwent. C'est aussi par excellence la région des lacs; ils y sont nombreux dans un espace relativement restreint, entourés généralement par de hautes et belles montagnes et dans des sites qui ne manquent pas de pittoresque. C'est la Suisse de la Tasmanie. Aussi une localité de cette région a-t-elle été appelée Grindelwald, par allusion sans doute à sa ressemblance éloignée, moins les glaciers pourtant, avec notre Oberland bernois.

Indépendamment du Grand-Lac, situé dans le Westmoreland et qui ne mesure pas moins de 113 kilom. carrés, les lacs Saint-Clair, Écho, Sorell, Crescent, Arthur, Wood, sont les plus importants. Les émissaires de ces divers réservoirs supérieurs descendent tous vers le Sud, dans les vallées qui leur font suite, et deviennent des affluents de la grande rivière Derwent, qui, passant à Hobart, se jette bientôt après dans la vaste rade de Storm. Ce grand cours d'eau mériterait mieux qu'aucun autre le titre de fleuve, car il est le plus important de toute la Tasmanie.

Le climat de la Tasmanie est très beau, généralement tempéré et sans variations extrêmes. Il a la réputation d'être très sain, au moins autant que celui des contrées d'Europe les mieux favorisées sous ce rapport, et généralement beaucoup plus que les nombreuses autres îles océaniennes.

La longévité humaine y est plus grande qu'en Australie; pour les enfants surtout, la différence dans leur conservation est de beaucoup en faveur de la Tasmanie. La statistique comparée de ces dix dernières années donne sous ce rapport des résultats vraiment concluants.

Le sol de l'Ile, très accidenté, fournit les expositions les plus variées et se prête merveilleusement, selon les cas, à toutes sortes de cultures. En 1883[1], on y comptait 152,731 hectares de terres cultivées, dont 19,903 hectares en froment produisant 946,889 bushels (344,071 hectolitres), soit environ 18 hectolitres de blé par hectare. Les riches pâturages, généralement bien arrosés, nourrissent 26,400 chevaux, 130,525 têtes de gros bétail, 1,883,069 moutons. On y élève aussi 55,774 porcs et 2,109 chèvres.

La culture des jardins est très avancée en Tasmanie. Les étés n'y sont pas assez chauds pour permettre à l'Olivier de fructifier et pour que la Vigne puisse mûrir partout ses raisins, dans une région où les Eucalyptus se portent cependant si bien et résistent parfaitement. Tous les autres arbres fruitiers, par contre, produisent des quantités de fruits de plus en plus supérieures à la consommation locale. Aussi l'exportation des conserves de fruits, de même qu'en Amérique, commence-t-elle à prendre une réelle importance. L'excédent des principales productions agricoles et horticoles de l'Ile est envoyé, sur les marchés de la colonie de Victoria, en telles quantités que la Tasmanie est appelée le jardin de Melbourne. La culture du Houblon commence aussi à prendre une importance considérable.

On a trouvé dans l'Ile de nombreux gisements d'or, étain, fer, cuivre et charbon. La plupart commencent à être exploités, et les richesses minéralogiques du pays vont devenir pour l'Ile une source importante de revenus. Pendant l'année 1882, il a été exporté de l'or pour une valeur de 187,338 l. st. (soit 4,723,664 francs) ; l'année précédente, en 1881, cette exportation avait atteint 211,253 l. st. (soit 5,327,800 fr.). La production de l'étain est encore plus considérable et va toujours en augmentant : il en a été exporté en 1882 pour une valeur de 361,046 l. st. (soit 9,105,580 fr.).

De même qu'en Australie, c'est aussi la partie orientale qui

[1] *Die Colonie Tasmanien*, von Henry Greffrath (*Deutsche Rundschau fur Geographie und Statistik*, novembre 1884.)

possède la presque totalité des richesses minéralogiques de l'île ; c'est également là, ainsi que sur l'île Bruney, située au sud-est de la Tasmanie, dont elle est très rapprochée, que se trouvent presque tous les gisements houillers découverts jusqu'à présent.

Le mouvement des ports de la Tasmanie a été en 1882 de 723 navires entrés et 718 sortis. L'importance commerciale de cette île se développe rapidement et commence à devenir considérable. Pendant l'année 1882, les importations se sont élevées à 1,670,872 l. st. (42,139,391 fr.), soit 13 l. st. 17 sh. (357 fr.) par tête d'habitant, tandis que les exportations s'élevaient de leur côté à 1,587,389 l. st., soit 13 l. st. 3 sh. (331 fr.) également par tête d'habitant.

Le gouvernement de la Tasmanie, devenu autonome en 1825 et dirigé depuis 1855 par un conseil électif, dispose d'un budget de recettes s'élevant pour 1883 à 560,429 l. st., soit 14,134,019 fr. Il a emprunté pour construire un réseau de chemins de fer dont l'importance n'est pour le moment que de 269 kilom., mais qui doit prendre par la suite un développement plus considérable. La seule ligne actuellement en exploitation traverse toute l'île du Sud au Nord, depuis Hobart jusqu'à Launceston, avec embranchements sur New-Norfolk au Sud et sur Deloraine au Nord. Cette ligne principale doit être prolongée prochainement jusqu'à l'embouchure de la Mersey.

Le réseau télégraphique avait déjà, vers la fin de 1882, un développement de 1,976 kilom. ; ce sont les Eucalyptus qui en fournissent tous les poteaux nécessaires, de même qu'ils ont fourni toutes les traverses pour les chemins de fer. Un câble sous-marin met en communication George-Town et toute la Tasmanie avec Melbourne et le continent australien.

Les côtes sont presque partout élevées et escarpées, surtout dans la partie Sud, où elles sont formées de colonnes basaltiques. Elles présentent de nombreuses anfractuosités aux contours souvent déchiquetés. Sur la côte orientale, la Oyster-Bay se prolonge en la Schwan-Hafen, formant la presqu'île Freycinet, qui se continue de l'autre côté du détroit de la Géographie par l'île Schouten. Un peu plus au Sud, et toujours sur la côte orientale, la Storm-Bay, dans laquelle débouche la rade formée par l'embouchure de la Derwent, se prolonge à l'Est par la Fred-Henry-Bay et la Norfolk-Bay. Ces baies forment ainsi une immense découpure qui constitue d'abord la presqu'île Forrestier, se continuant bientôt elle-même par la grande presqu'île Tasman. Ces deux presqu'îles, juxtaposées bout à bout et assez grandes, sont peuplées d'Eucalyptus et ne tiennent à la terre ferme que par un isthme très étroit situé tout près de la petite ville de Dunnaley.

Le relief général de la Tasmanie comporte deux grands systèmes de chaînes de montagnes s'amorçant l'une et l'autre à l'extrémité méridionale de l'Ile près de Ramsgate et dans le voisinage du cap Sud. Cette partie de la Tasmanie est donc la plus rapprochée du pôle antarctique ; son point culminant, le mont La Pérouse, qui s'élève de 3,800 pieds (1,158 mètres) au-dessus du niveau de la mer, constitue le nœud reliant ensemble les deux systèmes.

La partie orientale, de même qu'en Australie, forme un bourrelet qui longe les côtes, en envoyant aussi de nombreuses ramifications vers l'intérieur. Les monts Adanson (4,017 pieds), Wellington (4,166 pieds), Snow (3,179 pieds), Ben-Lomond (5,011 pieds), Campbell (3,358 pieds), Barrow (4,644 pieds) et Victoria (3,964 pieds), dont les hauteurs varient par conséquent entre 968 et 1,527 mètres d'altitude supra-marine, sont les points culminants de cette région de l'est de la Tasmanie ; ils sont rangés ici en remontant du Sud vers le Nord. Cette chaîne, dont le mont Ben-Lomond est le point culminant, occupe donc toute la zone orientale de l'Ile jusqu'au cap Portland. Elle semble se continuer au delà et se continue réellement de l'autre côté du détroit de Banks, dans l'île Barren, dont le point culminant n'a pas moins de 701 mètres ; ensuite par les îles Déal et Curtis, qui s'élèvent à 269 et 322 mètres au-dessus du niveau de la mer ; enfin par le promontoire granitique de Wilson, sur la terre ferme du continent voisin, dont la hauteur sur le bord même de la mer atteint 707 mètres au mont Wilson et 780 mètres au mont La Trobe. On voit donc que cette chaîne de crêtes sous-marines se continue à travers la partie orientale du détroit de Bass.

Toujours de même qu'en Australie et d'une manière générale, les montagnes de la partie occidentale forment moins bien bourrelet sur le bord de la mer. Leurs chaînes s'étendent vers l'intérieur selon diverses directions, mais leur ensemble constitue un immense massif se développant depuis le mont La Pérouse et le cap Sud à l'extrémité méridionale jusqu'au cap Grim formant la pointe nord-ouest de l'Ile. La côte occidentale est également beaucoup moins déchiquetée que celle de l'Est.

Les monts Picton (4,340 pieds), Arthur (3,688 pieds), Wilnot (3,469 pieds), Field-West (4,721 pieds), Humboldt (5,520 pieds), King-William (4,360 pieds), Eldon (4,739 pieds), Black-Buff (4,381 pieds) et Valentine (4,000 pieds), dont les hauteurs varient par conséquent entre 1,057 et 1,682 mètres, sont les points culminants de cette région de l'ouest de la Tasmanie. Le mont Humboldt est le sommet le plus élevé de cette partie occidentale comme aussi de toute la Tasmanie. Ce massif montagneux occupe donc toute la partie occidentale de l'Ile jusqu'au cap Grim. Il semble se continuer au delà en une ligne de crêtes sous-marines se reliant au cap australien d'Otway, de l'autre côté du détroit de Bass.

La constitution géologique de ces deux massifs montagneux est souvent basaltique, quelquefois schisteuse ou calcaire, mais généralement granitique. Quelques-uns de leurs sommets sont souvent couverts de neige pendant plusieurs mois d'hiver, ce qui indique qu'en Tasmanie, mieux encore que dans les Alpes australiennes, puisque dans ce cas nous sommes plus rapprochés du pôle antarctique, le climat est quelquefois assez rigoureux.

Entre ces deux chaînes principales se trouvent des plateaux élevés, des collines, des vallées fertiles et souvent encaissées; dans la partie centrale, de même qu'en Australie, on y rencontre des marais et même des lacs, dont quelques-uns sont assez importants, comme nous l'avons vu précédemment.

Le mont Wellington (4,166 pieds) près de Hobart, le mont La Pérouse (3,800 pieds) près le cap Sud, le mont Table (3,500 pieds) et le mont Olympus (4,500 pieds), dont les sommets sont élevés par conséquent de 1,066 à 1,576 mètres au-dessus du niveau de la mer, sont surtout connus pour les forêts d'Eucalyptus qui recouvrent leurs flancs. Là, on rencontre ces arbres, de même que dans de nombreuses localités de la Tasmanie, en compagnie de beaucoup d'autres végétaux intéressants. Il suffira de citer les *Acacia botrycephala*, *dealbata*, *diffusa*, *floribunda*, *longifolia*, *longissima*, *melanoxylon*, *mollissima*, *sophoræa*, *suaveolens*, etc., etc.; les *Callistemon salignum*, *viridiflorum*, etc. ; les *Casuarina quadrivalvis*, *suberosa*, etc. ; le *Correa alba* ; les *Leptospermum juniperinum*, *lanigerum*, *lævigatum*, *persiciflorum* et *pubescens* ; les *Melaleuca ericifolia* et *squarrosa* ; le *Myoporum tuberculatum*, le *Pittosporum bicolor*, le *Frenela rhomboïdea*, l'*Indigofera australis*, etc., etc.

Un autre Conifère fort curieux, le *Dacrydium Franklini*, dont la teinte gris bistre et les formes si étranges rappellent d'autres espèces aujourd'hui disparues et que la paléontologie nous a fait connaître, partage avec l'Eucalyptus le privilège de devenir un grand arbre aux gigantesques proportions.

Ces nombreuses espèces, toutes arborescentes, sont communes à l'Australie et à la Tasmanie. Ce sont les principales, et il serait facile d'y ajouter une longue liste de plantes qui se trouvent dans le même cas. Telles sont par exemple les six espèces d'Eucalyptus déjà signalées comme étant indigènes en même temps dans la Tasmanie et dans la colonie australienne de Victoria. La présence simultanée des nombreuses espèces qui viennent d'être énumérées et qui se trouvent tout à la fois des deux côtés du détroit de Bass, en fait des témoins irrécusables démontrant une fois de plus l'unité d'origine de l'île tasmanienne avec le continent australien.

La situation de la Tasmanie, par rapport au continent australien, confirme complètement ce que l'examen de sa flore et de sa faune faisait déjà pressentir, comme nous venons de le voir, c'est-à-dire qu'elle a dû être réunie autrefois à la terre ferme. Cette île semble en effet former le prolongement naturel vers le Sud de la partie la plus méridionale de l'Australie. Du côté oriental de la Tasmanie, le cap Portland et la pointe N.-E. sont reliés au promontoire Wilson de la côte australienne par une chaîne de crêtes sous-marines d'où émergent d'abord les îles Clarke, Barren et Flinders, puis les îles de Kent et Curtis, qui en sont actuellement les plus hauts sommets.

Il en est de même du côté occidental ; les îles Robbins, Hunter, Hummock et surtout l'île King relient de la même manière le cap Grim et la pointe tasmanienne N.-O. au cap australien de Ottway, non loin de Melbourne. Ces deux lignes de crêtes sous-marines ne sont elles-mêmes, comme nous l'avons vu, que le prolongement des deux chaînes orientales et occidentales des montagnes tasmaniennes qui forment le principal relief de l'île de Van Diemen.

Il est à remarquer d'abord que toutes les îles qui viennent d'être dénommées sont de formation granitique, et il en est de même des côtes australiennes et tasmaniennes qui se font face de chaque côté du détroit de Bass. Ensuite la population autochtone de la Tasmanie, quand elle existait encore, c'est-à-dire au commencement de ce siècle, était de même race que les aborigènes peuplant alors la partie méridionale du continent australien. Bon nombre d'espèces d'animaux et d'insectes se retrouvent également des deux côtés.

On voit donc que la faune est à peu près la même, et la flore, en tenant compte de la différence du climat résultant d'une latitude plus méridionale, non seulement présente de nombreux points de ressemblance, mais elle est à peu près identique à celle de la colonie de Victoria, qui fait face à la Tasmanie de l'autre côté du détroit de Bass. Ce sont les mêmes familles, à peu près les mêmes genres et souvent les mêmes espèces. Ainsi, pour ne parler que des Eucalyptus, nous avons vu et nous verrons tout à l'heure qu'un certain nombre d'espèces, et particulièrement les *E. amygdalina*, *coriacea*, *Globulus*, *obliqua*, *Stuartiana* et *viminalis* se retrouvent tout à la fois en Tasmanie et dans la colonie australienne de Victoria. Leur aire de dissémination à l'état indigène indique évidemment une origine commune. Le fait de la présence de ces six espèces d'Eucalyptus se rencontrant en même temps de chaque côté du détroit de Bass, suffirait à lui seul pour démontrer que ce détroit n'a pas toujours existé et qu'à une époque plus ou moins reculée la Tasmanie était reliée à la terre ferme du continent australien qui lui fait face.

La démonstration pourrait s'étendre à beaucoup d'autres végétaux ; nous nous sommes borné à en signaler quelques-uns des plus intéressants, mais l'énumération en serait bien autrement longue si nous voulions les citer tous. Le nombre des espèces végétales qui se trouvent dans ce cas est en effet assez considérable. Nous avons déjà fait remarquer aussi la similitude que nous trouvons dans la faune des deux côtés du détroit, ainsi que dans la constitution géologique des terrains. La topographie générale de l'Ile correspond elle-même, ainsi que nous venons de le voir, à celle de l'Australie.

Tout semble donc indiquer qu'avant l'affaissement qui a dû se produire, et qui aura ainsi constitué le détroit de Bass tel qu'il existe aujourd'hui, les ramifications les plus méridionales de la chaîne des Alpes australiennes de la colonie de Victoria se reliaient aux montagnes tasmaniennes qui leur font face de l'autre côté du détroit, en constituant ainsi leur prolongement vers le Sud. Dans la partie la plus méridionale de l'Australie, le mont Williams, à l'ouest de Melbourne, dont l'altitude supra-marine dépasse 1,700 mètres, comme le mont Wilson et le mont La Trobe à l'Est, sont les derniers chaînons reliant vers le Sud les Alpes Australiennes aux montagnes de la Tasmanie.

Par rapport à l'Équateur, la Tasmanie est située entre le 40e et le 44e parallèle, ou, plus exactement, entre 40° 41′ et 43° 38′ de latitude Sud. Cette île étant plus éloignée de l'Équateur que la Nouvelle-Hollande, son climat est nécessairement moins chaud et même tout à fait tempéré. Nous verrons plus tard quelles seront les conséquences résultant de cette situation géographique, d'abord pour la climatologie générale de la Tasmanie comparée à celle de l'Europe à latitude égale, et surtout pour la culture des Eucalyptus dans l'Italie, l'Espagne, le Portugal, la Grèce, le sud de la France et particulièrement la région que nous habitons.

Nous nous bornerons pour le moment à faire remarquer que la moitié méridionale de la Tasmanie correspond, comme latitude, à la partie sud de la France comprise entre les Pyrénées au Midi et ayant pour limite Nord une ligne partant d'Antibes et passant par Draguignan, Aix, Montpellier, La Salvetat, Castres, Toulouse et Bayonne. Or, dans toute cette région française, les Eucalyptus ne sont réellement résistants que sur les bords de la mer, et encore dans des régions exceptionnellement abritées, comme Antibes, Cannes, Hyères et Toulon à l'Est, Collioure et Port-Vendres à l'Ouest. Il serait inutile d'en essayer la culture dans les plaines de la Garonne et à plus forte raison sur les hauteurs, comme à La Salvetat et mieux encore sur le plateau du Sommail, où les hivers sont trop rigoureux pour une foule de plantes infiniment moins frileuses que les Eucalyptus.

En Tasmanie pourtant, et sous le même parallèle, on trouve d'immenses forêts d'Eucalyptus à des hauteurs bien plus considérables encore et même dans les régions montagneuses jusqu'à 1,000 ou 1,200 mètres d'altitude. On les y rencontre donc sous une latitude et à une altitude absolument correpondantes à celles des montagnes environnant Cauterets, Saint-Sauveur et Barèges, dans les Pyrénées, soit dans des régions encore plus froides que La Salvetat et le plateau du Sommail.

Il n'est pas besoin de pousser plus loin cette comparaison pour montrer combien le climat de la Tasmanie doit différer essentiellement de celui de l'Europe, à latitude égale. Nous aurons occasion d'approfondir cette question et de lui donner de plus amples développements quand nous étudierons l'aire géographique de la culture de l'Eucalyptus.

Parmi les assez nombreuses espèces d'Eucalyptus que possède la Tasmanie, nous citerons particulièrement celles qui vont suivre, parce que ce sont les plus importantes.

1° L'*E. coccifera* Hook., découvert par Lawrence, est une des espèces alpestres de la Tasmanie. On l'a trouvée, sur les hautes montagnes, jusqu'à 1,200 et même, dit-on, 1,300 mètres d'altitude supra-marine. A cette hauteur, la neige n'est pas rare, le froid est souvent rigoureux ; il faut donc que cette espèce soit peu frileuse. C'est un arbre de moyenne grandeur, ne dépassant guère 20 à 25 mètres, dont les feuilles sont étroites, petites et pointues. Il aime non seulement les terrains humides, mais encore les vallées abritées des vents du nord, qui, venant du continent australien, sont secs, brûlants et, d'une manière générale, peu favorables à la végétation.

2° L'*E. pauciflora* Müll., plus connu sous le nom d'*E. coriacea* All. Cunn., que nous avons déjà indiqué comme se trouvant dans la colonie de Victoria, où on le désigne sous les noms de *Flooded-Gum*, *Mountain-white-Gum* (Gommier blanc de montagne) et de *Peppermint-tree* (arbre à la menthe poivrée), se trouve aussi, comme nous l'avons dit, dans la Nouvelle-Galles du Sud, où on l'appelle *White-box*. En Tasmanie, il porte le nom vulgaire de *Weeping-Gum* (Gommier pleureur). Les feuilles sont allongées et nervées dans le sens de leur longueur. Ce dernier caractère, particulier à cette espèce, suffit à lui seul pour la faire distinguer de tous les autres Eucalyptus. C'est un de ceux qui s'élèvent le plus haut sur les Alpes australiennes, où on le rencontre jusqu'à 5,000 pieds (1,250 mètres) d'altitude supra mamarine ; il est donc alpestre dans la force du terme, et en Tasmanie c'est un de ceux qui habitent les plus hauts sommets. L'arbre acquiert de grandes dimensions ; on en a mesuré de 400 pieds (122 mètres) de haut ; mais il convient de dire que c'était seulement dans les vallées abritées, ne dépassant guère 4,000 pieds (1,220 mètres) au-dessus de la mer. A l'altitude de 5,000 pieds (1,500 mètres), au contraire, cet Eucalyptus n'est plus qu'un arbuste rabougri, et il en est de même à une altitude un peu moindre, là où il est exposé aux grands vents. C'est, comme on le pense bien, une espèce peu sensible au froid et susceptible, pour cette raison, de résister dans les régions de la France dont le climat offre le plus d'analogie avec celui de la Tasmanie.

3° L'*E. Globulus* La Bill. est certainement le plus connu de tous les Eucalyptus, et, il y a vingt ans à peine, le public n'en connaissait guère d'autres. C'était en effet le seul dont la culture se fût répandue un peu partout en Algérie et sur le littoral de la Provence. Il a été découvert le 6 mai 1792, ainsi que nous l'avons déjà dit, par le voyageur La Billardière, qui le rencontra pour la première fois dans l'île de Van Diemen ou Tasmanie. On le désigne plus particulièrement sous le nom vulgaire de *Blue-Gum* (Gommier bleu), quoique cette désignation ait été appliquée également, par les colons australiens, à beaucoup d'autres espèces d'Eucalyptus. On le trouve aussi très abondant dans la colonie de Victoria, ainsi que dans la Nouvelle-Galles-du-Sud. C'est un grand et bel arbre atteignant jusqu'à 80 et même 100 mètres de hauteur ; mais on a reconnu qu'il lui faut un terrain frais et profond pour acquérir sa taille la plus élevée. Sa croissance est très rapide, et il se contente des terrains de diverses natures, pourvu qu'ils ne soient pas trop exclusivement calcaires ni salés.

L'*E. Globulus* n'est pas une espèce alpestre, et on le rencontre sur les collines peu élevées, dans les vallées inférieures des montagnes et même dans les plaines. Nous aurons prochainement l'occasion de parler de la qualité de son bois, de l'essence que l'on extrait de ses feuilles, des diverses propriétés qu'on lui attribue, ainsi que des nombreux avantages que présente sa culture dans les régions dont le climat peut lui convenir.

4° L'*E. Gunnii* Hooker habite les montagnes les plus élevées de la Tasmanie, dans les mêmes régions que son congénère l'*E. coriacea* ; on l'y connaît sous les noms de *Cider-tree* (arbre à cidre) et de *Cider-Eucalypt*. On l'appelle aussi *Swamp-Gum* dans les régions alpines de la Nouvelle-Galles-du-Sud [1]. C'est l'espèce la plus répandue dans les Alpes australiennes de Victoria, où elle est appelée vulgairement, selon les régions, *Mountain-white-Gum-tree* (Gommier blanc de montagne), et on l'y rencontre jusqu'à 1,800 mètres d'altitude supra-marine. L'*E. Gunnii* est donc une espèce alpestre, rustique, peu frileuse et susceptible de résister dans nos régions relativement froides. Le tronc est lisse et blanchâtre ; les feuilles lancéolées sont souvent ondulées, caractère qui est particulier à cette espèce et qui permet déjà de la distinguer de toutes les autres. D'une croissance rapide, cet arbre ne dépasse jamais guère 200 pieds (61 mètres) de hauteur, dans les parties abritées où il se trouve le mieux ; mais sa taille se réduit à celle d'un arbrisseau quand il est exposé à la violence du vent, sur les sommets ou les crêtes des montagnes. Il paraît se plaire mieux dans les terrains secs que dans ceux qui sont trop humides.

5° L'*E. Risdoni* Hooker, de même que les *E. coccifera*, *coriacea* et *Gunnii*, est encore une espèce alpestre habitant les hautes montagnes de la partie méridionale de la Tasmanie, où on la connaît sous les noms vulgaires de *Risdon-Gum* et de *Drooping-Gum*, par allusion sans doute à la faiblesse relative de sa tige, ou peut-être à ses rameaux qui sont retombants. On l'appelle aussi *Swamp-Gum* (gommier des marais) parce que, en effet, cet arbre, qui n'acquiert pas de grandes dimensions, aime les terrains humides, et c'est dans ces conditions qu'il se développe convenablement. De même que ses trois congénères déjà cités, l'*E. Risdoni* se montre très résistant aux froids assez rigoureux qui sévissent chaque hiver dans la région qu'il habite. C'est une espèce curieuse par la glaucescence de son feuillage et l'élégance de son port; ses rameaux, qui retombent avec grâce, portent des ombelles de fleurs blanches très ornementales.

6° L'*E. urnigera* Hooker, connu par erreur sous le nom de *E. coriacea* dans la plupart des cultures d'Europe où il a été intro-

[1] *The plants of New-south-Wales*, by William Woolls. Sidney, 1885.

duit, est l'espèce alpestre par excellence, puisqu'on la trouve sur le mont Wellington, en Tasmanie, jusqu'à la hauteur de 1,200 mèt. au-dessus du niveau de la mer; elle résiste très bien aux vents assez violents qui règnent sur les sommets de cette région. Ses feuilles, arrondies et embrassantes à l'état juvénile, restent assez petites, devenant orbiculaires, ovales lancéolées quand l'arbre est devenu adulte ; elles sont d'un vert foncé, quelquefois légèrement glaucescentes et d'ailleurs variables de forme sur un même pied. Nous verrons, quand nous parlerons de tout ce qui a rapport à la culture des Eucalyptus, que cette espèce a supporté, soit à Lattes, soit à l'École d'Agriculture, près Montpellier, des froids de 13° au-dessous de zéro. Elle n'est pas encore décrite dans les dix fascicules déjà publiés de l'Eucalyptographia de Müller.

7° L'*E. vernicosa* et l'*E. cordata* La Bill. forment l'un et l'autre des arbustes buissonnants sur le mont La Pérouse et les autres montagnes de la partie la plus méridionale de la Tasmanie, où on les rencontre près des sommets les plus élevés.

Enfin, les *E. amygdalina*, *obliqua*, *robusta*, *Stuartiana* et *viminalis*, que nous avons déjà indiqués précédemment comme se trouvant sur les Alpes australiennes de la colonie de Victoria, se rencontrent aussi sur les montagnes et les plateaux élevés de la Tasmanie. Ils s'y développent en formant des forêts épaisses qui recouvrent, sur de grandes surfaces, le vaste territoire de cette île intéressante, qui mérite, à tous égards, d'être plus amplement connue.

Aussi avons-nous cru devoir joindre une carte de la Tasmanie afin que les lecteurs puissent mieux comprendre la courte description que nous en avons faite.

V.

Pour compléter tout ce que nous avons encore à dire relativement à l'aire géographique de l'Eucalyptus considéré d'abord dans son indigénat, il convient maintenant d'établir un classement entre les nombreuses espèces, selon leurs qualités et leurs aptitudes particulières. Nous les distinguerons par catégories, en dressant des listes spéciales de chacune d'elles, et de cette manière nous réunirons ensemble :

1° Les espèces atteignant de gigantesques proportions;

2° Celles qui sont des arbres de dimension moyenne ;

3° Celles qui par leur petite taille se rapprochent des arbrisseaux ou des arbustes ;

4° Les espèces aimant les terrains humides ;

5° Celles qui se contentent des terrains secs ;

6° Les espèces alpestres, c'est-à-dire vivant à de hautes altitudes ;

7° Celles qui sont les plus sensibles au froid ;

8° Les espèces résistant le mieux dans les sables du littoral de la mer ;

9° Celles qui indiquent un terrain aurifère;

10° Nous les classerons enfin selon leur groupement géographique, par rapport à la nature du sol qu'elles préfèrent.

Nous allons procéder rapidement à cette énumération.

1° Espèces atteignant de gigantesques proportions.

Les Eucalyptus deviennent généralement des arbres de très grande taille. Leurs dimensions en hauteur sont en effet colossales, si on les compare à celles de la plupart des autres végétaux. Nos arbres les plus grands, tels que les Ormeaux, les Platanes et même les Peupliers ne peuvent donner qu'une bien faible idée des proportions gigantesques qu'acquièrent, en Australie, la plupart des espèces d'Eucalyptus.

Aussi le classement que nous en ferons, selon la hauteur respective à laquelle s'élève chacune des espèces, ne doit-il être considéré que d'une manière relative. Les Eucalyptus que nous pourrions classer en deuxième et même en troisième ordre, comme dimensions, sont encore des géants à côté de la plupart des plus grands végétaux de nos forêts ou de nos jardins. Ici, les arbres de 30 à 40 mètres de haut ne se rencontrent pas souvent, si ce n'est dans des conditions exceptionnellement favorables, alors qu'en Australie les Eucalyptus de cette taille pourraient à la rigueur être rangés parmi les espèces naines. Il en est peu, effectivement, qui n'atteignent pas cette hauteur.

Peut-être sera-t-il bon aussi de tenir compte des conditions qui favorisent, dans les forêts de la Nouvelle-Hollande, l'accroissement des arbres en hauteur et leur permettent alors d'acquérir des proportions réellement gigantesques. Nous les avons déjà indiquées à propos de quelques-unes des principales espèces.

Les plus grands exemplaires d'Eucalyptus, en Australie et en Tasmanie, de même que les forts Wellingtonias, à Calaveras et à Mariposa, en Californie, se rencontrent toujours dans le fond élargi des grandes vallées. Celles-ci affectent le plus souvent la forme de grandes surfaces nivelées ou peu déclives, dont la configuration fait supposer qu'elles occupent l'emplacement d'anciens lacs; la sortie de chacune de ces vallées, généralement très étroite, constituait une cluse où commençait le canal d'émission qui dirigeait les eaux vers les vallées inférieures. C'est là seulement que ces colosses végétaux trouvent un sol riche et profond, en même temps qu'une atmosphère moins sèche que celle des sommets et surtout un abri plus efficace contre la fureur des vents.

De plus, les Wellingtonias et surtout les Eucalyptus, groupés en forêts épaisses dans un terrain très fertile qui leur fournit une nourriture abondante, s'abritent mutuellement entre eux; comme ils sont très rapprochés les uns des autres, ils s'allongent démesurément et acquièrent par la suite des hauteurs considérables. C'est ainsi qu'on a mesuré dans les forêts de l'Australie des *Karri* (*Eucalyptus diversicolor* ou *colossea*) n'ayant que 30 centim. de diamètre et s'élevant néanmoins à 55 mèt. de haut. Un arbre de cette même espèce ne commençait à avoir des branches qu'à la hauteur de $91^m,50$, sa tige étant absolument nue jusque-là; son diamètre était évidemment peu en rapport avec sa taille gigantesque, et cette énorme disproportion s'explique par la multiplicité très grande des arbres dans le même espace, où ils sont très resserrés.

Là comme partout ailleurs, dans l'éternelle lutte pour l'existence, ainsi que Darwin l'a dit avec juste raison, ce sont toujours les mieux doués qui survivent. Les sujets les plus vigoureux, en effet, dépassent les individus de vigueur moindre ; ils les recouvrent en les immergeant de leurs rameaux feuillus, et leur enlèvent bientôt après le moyen de se faire jour, ce qui d'abord les affaiblit encore davantage, et ne tarde pas ensuite à les faire périr.

Les *Eucalyptus amygdalina, fissilis* et *Stuartiana* sont véritablement les géants du genre ; les arbres de ces trois espèces atteignent en effet jusqu'à 500 pieds, soit 152 mèt. de hauteur. Ils sont suivis de près par les *E. coriacea* et *diversicolor* ou *colossea*, dont on a mesuré des sujets ayant la taille déjà respectable de 400 pieds (122 mèt.). Enfin il en est un certain nombre qui, pour être un peu moins grands, n'en ont pas moins de gigantesques proportions. Ce sont surtout les *Eucalyptus :*

Globulus	*marginata*	*obliqua*
goniocalyx	*melliodora*	*polyanthema*
inophlœa	*microcorys*	*viminalis*
longifolia	*microtheca*	*Woollsii*

qui atteignent généralement 100 mèt. de hauteur ou tout au moins s'en rapprochent beaucoup.

2° Espèces qui sont des arbres de dimension moyenne.

Les Eucalyptus n'arrivent pas tous aux proportions véritablement gigantesques que nous venons d'indiquer. Il en est un très grand nombre que nous classerons comme étant de dimension moyenne, et dont pourtant quelques-uns atteignent jusqu'à 50 et même 60 mèt. de hauteur. Ce sont surtout les *Eucalyptus :*

calophylla	*leucoxylon*	*siderophlœa*
Gunnii	*rostrata*	*tereticornis.*

Puis, comme venant immédiatement après, les *Eucalyptus:*

botryoïdes	*hæmastoma*	*resinifera*
brachypoda	*hemiphlœa*	*Risdoni*
coccifera	*megacarpa*	*tetrodonta*
cornuta	*odorata*	*urnigera*,
corymbosa	*paniculata*	etc., etc.
crebra	*pilularis*	

C'est dans cette catégorie que rentrent le plus grand nombre des espèces connues ; nous avons dû nous borner à signaler ici celles qui sont les plus estimées par les colons des six colonies australiennes et de la Tasmanie, ou qui sont intéressantes à différents titres.

3° Espèces qui par leur petite taille se rapprochent des abrisseaux ou des arbustes.

On ne connaît encore, pour le moment, que quelques espèces d'Eucalyptus de petite taille et dont les proportions se réduisent à celles d'un simple arbrisseau ou même d'un arbuste. La plupart composent des sortes de maquis que les colons australiens désignent sous le nom de *Mallee scrub*. Ce sont d'abord les *Eucalyptus dumosa*, *occidentalis*, *oleosa* et *socialis*, dont la hauteur ne dépasse guère 12 pieds (3^m,60). On les rencontre généralement dans les mauvais terrains secs et le plus souvent schisteux de l'Australie méridionale ; ils se ramifient beaucoup depuis leur base et forment, quand ils sont réunis par grandes quantités, des fourrés véritablement impénétrables. Puis l'*Eucalyptus vernicosa*, qui reste tout petit dans les montagnes de la partie méridionale de la Tasmanie ; enfin l'*Eucalyptus gracilis* Müller, et l'*E. concolor* Schauer, qui ne s'élèvent guère plus et ne dépassent pas les dimensions d'un arbrisseau.

Toutefois l'*E. gracilis* est une belle plante dont la forme gracieuse et la glaucescence pruineuse de son feuillage, ainsi que ses jolies fleurs blanches disposées en guirlandes, en font une espèce réellement ornementale.

L'une de ces espèces de petite taille, l'*E. oleosa*, qui est originaire de la colonie de Victoria, mérite une mention toute particulière. D'abord ses racines, dont la plupart restent à la surface du sol, fournissent en tout temps de l'eau potable ; il suffit de les couper par tronçons et de les laisser égoutter. Ensuite ses feuilles se couvrent en été d'une substance saccharine tellement abondante qu'elle ressemble à du givre. C'est le produit d'une excrétion déterminée par la piqûre d'un insecte hemiptère du genre *Psylle*. Il en est de même de l'*E. dumosa*, qui fournit également de la manne, mais en moins grande proportion.

Il convient de ranger aussi dans cette catégorie l'espèce tonkinoise connue sous le nom de *Ydisi*, que nous avons déjà mentionnée, et surtout une espèce fort curieuse, l'*Eucalyptus Lehmanni*. Celle-ci diffère de toutes les autres par ses opercules cornus et très développés, affectant dans leur ensemble la forme d'un casse-tête ; elle avait paru à M. Schauer présenter des caractères spéciaux suffisamment tranchés pour qu'il ait cru devoir créer en sa faveur un genre nouveau qu'il a décrit sous le nom de *Symphyomyrtus*.

Enfin, près d'Hobart, on trouve une espèce de petite taille que les colons désignent sous le nom de *Manna-Gum* (Gommier à la manne) parce que l'arbre produit une substance douce et sucrée ; c'est une sorte de manne que sécrètent en abondance, au printemps, les feuilles et les jeunes rameaux, à la suite de piqûres d'insectes ou de toute autre blessure.

Cunningham d'abord et quelques autres auteurs après lui, ont décrit sous le nom d'*E. mannifera* un arbre qui présente ce même caractère et que Müller dans son Eucalyptographia a reconnu n'être autre chose que l'*E. viminalis*.

Les quelques espèces d'Eucalyptus de petite taille habitent généralement des régions dont le sol est moins profond, plus sec et semblant dès lors s'harmoniser avec les exigences plus réduites de ces espèces beaucoup moins difficiles. Elles sont d'ailleurs en fort petit nombre et localisées sur quelques points spéciaux où ne pourraient pas vivre les espèces qui atteignent de grandes dimensions. Ces dernières d'ailleurs n'acquièrent toutes leurs proportions que dans les parties abritées, et là seulement où le sol est fertile. Quand elles s'élèvent très haut sur les sommets découverts des Alpes australiennes, leurs dimensions diminuent considérablement ; telle espèce d'Eucalyptus, aux proportions gigantesques dans la vallée, est réduite à la taille d'un arbrisseau et même d'un arbuste sur les crêtes et sur les sommets, où elle est constamment battue par les vents et souvent écimée par les froids rigoureux.

4° Espèces aimant les terrains humides.

De même que chez tous les autres genres de végétaux, les diverses espèces d'Eucalyptus ont des exigences particulières. Les unes se développent spécialement dans un sol déterminé, tandis que d'autres exigent un sol de constitution minéralogique absolument différente. Il en est ainsi, pour chaque nature de terrain, des conditions d'humidité plus ou moins grande dans lesquelles les arbres se développent. Certaines espèces vivent sur le bord des rivières, dans un sol fréquemment submergé et même marécageux, exigeant, pour bien prospérer, un terrain tenu constamment humide, alors que d'autres se contentent des terrains les plus secs. On comprend de suite combien il est important, pour la culture d'une espèce déterminée d'Eucalyptus, de reconnaître par avance ses préférences particulières pour telle ou telle nature de sol et de connaître aussi jusqu'à quel point elle exige un terrain humide ou résiste à la sécheresse. Nous allons donc commencer par désigner les espèces qui, dans leur pays d'origine, ont paru manifester une préférence marquée pour les terrains humides. Ce sont surtout les *Eucalyptus :*

amygdalina	*Globulus*	*robusta*
botryoïdes	*goniocalyx*	*rostrata*
coccifera	*marginata*	*Stuartiana*
coriacea	*melanoxylon*	*tereticornis*
cornuta	*microcorys*	*viminalis*
fissilis	*Risdoni*	etc., etc.

Ces diverses espèces conviendront pour les terrains humides

et marécageux qui ont besoin d'être assainis ; elles sont appelées à rendre de grands services dans les maremmes toscanes, la campagne romaine, les marais pontins et, d'une manière générale, dans les plaines malsaines qui longent le littoral de la Méditerranée ou de l'Adriatique, dans celles du moins qui sont exposées plus particulièrement à l'influence paludéenne.

5° Espèces se contentant des terrains secs.

Ce ne sont pas seulement les espèces exigeant des terrains humides, qui possèdent les précieuses qualités que nous venons d'indiquer. On a signalé plus spécialement l'*E. Globulus* et l'*E. obliqua*, qu'on appelle aussi *E. gigantea*, comme étant ceux qui ont la propriété d'assainir le sol et de combattre l'influence paludéenne. Tous les Eucalyptus, ou à peu près tous, offrent les mêmes avantages et peuvent également être utilisés sous ce rapport. La rapidité excessive de leur végétation, l'odeur balsamique qu'ils répandent, l'absorption très puissante de leurs racines, et peut-être par-dessus tout l'exhalation très abondante qui lui correspond par leurs feuilles criblées de stomates, sont autant de circonstances qui peuvent expliquer rigoureusement la faculté d'assainissement qu'on accorde généralement aux plantations d'Eucalyptus.

Il est fort heureux que dans la généralité des contrées où la culture des Eucalyptus est possible, comme par exemple dans notre région méditerranéenne, toutes les espèces n'exigent pas rigoureusement des terrains humides pour se développer. Dans le plus grand nombre des cas, nous avons affaire à des sols qui restent secs au moins pendant une partie de l'année, et dans lesquels les végétaux qui exigent des terrains humides ne sauraient guère prospérer. Il en est de même dans la plus grande partie de l'Algérie, de l'Espagne et de l'Italie. Aussi les Eucalyptus qui se contentent des terrains secs sont-ils ceux qui sont appelés à nous rendre les plus grands services. Nous avons donc pensé devoir rechercher quelles étaient les espèces qui présentent ce caractère, afin de les signaler à l'attention des expérimentateurs qui voudraient les essayer. Celles qui paraissent résister le mieux dans les terrains secs sont surtout les *Eucalyptus :*

calophylla	*hæmastoma*	*platypus*
corymbosa	*incrassata*	*resinifera*
diversicolor	*largiflorens*	*robusta*
dumosa	*longifolia*	*rostrata*
exserta	*maculata*	*saligna*
gracilis	*obliqua*	*sideroxylon*
Globulus	*odorata*	*socialis*
Gunnii	*oleosa*	*uncinata.*

6° **Espèces alpestres, c'est-à-dire vivant à de hautes altitudes.**

Nous avons pensé qu'il serait utile aussi d'indiquer les diverses espèces d'Eucalyptus qui vivent à l'état indigène sur les montagnes les plus élevées. Leurs forêts, souvent immenses, recouvrent les sommets ainsi que les flancs et surtout les hautes vallées des montagnes Bleues, des Alpes australiennes et des monts Tasmaniens. Elles croissent à de grandes hauteurs au-dessus du niveau de la mer, généralement à des altitudes variant entre 1,000 et 1,500 mètres, et on leur a donné, pour cette raison, le nom d'espèces alpestres. Dans ces régions élevées, il gèle souvent, et la neige, qui tombe fréquemment, couvre quelquefois le sol pendant des mois entiers. Les espèces d'Eucalyptus qui résistent, à l'état indigène, dans de semblables conditions, ne paraissent pas bien frileuses et doivent convenir, mieux que les autres, pour être essayées dans les régions, comme celle que nous habitons, dont les hivers sont un peu moins doux que ceux de l'Algérie et du littoral de la Provence.

Les espèces alpestres, ou résistant le mieux au froid, sont surtout les *Eucalyptus* :

alpina	*goniocalyx*	*obliqua ou gigantea*
amygdalina	*Gunnii*	*odorata*
coccifera	*inophlœa*	*Risdoni*
coriacea	*leucoxylon*	*stellulata*
dealbata	*marginata*	*terminalis*
diversicolor ou colossea	*megacarpa*	*urnigera*
fissilis	*microcorys*	*vernicosa*, etc , etc.

On pourrait y ajouter une espèce buissonnante et croissant lentement, qui est abondante en Tasmanie, près du sommet du mont Wellington, et dont le feuillage, ainsi que le port, rappelle certains de nos Millepertuis.

L'une de ces espèces alpestres, on pourrait même dire l'espèce alpestre par excellence, l'*E. alpina*, qui habite les sommets élevés des Alpes australiennes et non loin de Melbourne, a été exploitée avec si peu de ménagement par les colons de Victoria qu'elle est maintenant perdue presque entièrement ; on ne la trouve plus guère aujourd'hui que dans le Jardin Botanique de Melbourne.

7° Espèces les plus sensibles au froid.

Un certain nombre d'espèces d'Eucalyptus sont indiquées comme sensibles au froid, même en Australie. Toutefois leur nombre n'en est pas grand, chaque espèce se trouvant à l'état indigène, dans la région où elle rencontre naturellement un sol et un climat à sa convenance, c'est-à-dire les conditions de milieu qui lui sont nécessaires. On n'a guère pu réellement juger de sa nature frileuse qu'en la transportant par la culture dans des régions dont les hivers sont moins doux que ceux de son pays d'origine. C'est ainsi que l'*Euc. ficifolia* Müll., de l'Australie occidentale, une très belle espèce remarquable par la brillante couleur rouge carmin de ses filets staminaux, s'est montrée assez sensible au froid, même à la villa Thuret, c'est-à-dire dans une région privilégiée par la douceur exceptionnelle de son climat.

Il peut se faire pourtant que, même à l'état réellement indigène, une espèce soit éprouvée par des hivers exceptionnellement rigoureux. Tel est le cas, par exemple, dans le midi de la France, pour l'Arbousier, le Laurier-tin, l'Alaterne, le Chêne vert, le Filaria, le Genévrier oxycèdre, etc., etc., qui ont souffert plus ou moins du froid pendant l'hiver de 1854-55 et celui de 1870-71, dans des régions où ces espèces sont considérées, à juste titre, comme étant absolument indigènes.

Il n'y aurait donc rien d'impossible à ce que des faits correspondants se soient produits en Australie sur les Eucalyptus; on s'expliquerait alors facilement les observations signalées tout à l'heure comme ayant été faites sur des sujets vivant à l'état indigène, dans les forêts qu'ils peuplent si abondamment.

Quoi qu'il en soit, le nombre des espèces sur lesquelles cette observation a été faite n'est pas considérable et se résume à peu près dans les *Eucalyptus :*

calophylla	*fibrosa*	*latifolia*
citriodora	*ficifolia*	*microtheca*, etc.

Il convient pourtant d'y ajouter les *Eucalyptus brachypoda, crebra, pilularis* et *tetrodonta*. Ce sont autant d'espèces spéciales à la North-Australia, et qui par conséquent se développent à l'état indigène dans un climat beaucoup plus chaud ; elles peuvent donc être considérées *à priori* comme devant se montrer beaucoup plus sensibles au froid, quoique la chose ne soit pas absolument démontrée. Nous avons remarqué plusieurs fois, en effet, des végétaux appartenant à des espèces indigènes dans les régions intratropicales, et qui par conséquent devaient être considérés comme relativement frileux, se montrer néanmoins très rustiques, puisqu'ils résistaient au froid de nos hivers les plus rigoureux.

8° Espèces résistant le mieux dans les sables du littoral de la mer.

La plupart des espèces d'Eucalyptus habitent les régions montagneuses. Quelques-unes pourtant sont indiquées comme venant sur le littoral, quelquefois même dans la région des sables, où elles résistent au vent de la mer. Quoique leur nombre ne soit pas considérable, il est intéressant, tout de même, de les signaler, afin qu'on puisse les choisir de préférence pour les plantations à faire dans des conditions analogues. Ce sont d'abord les *E. botryoïdes, oleosa, resinifera, robusta, rostrata* et *viminalis ;* ensuite l'*E. eugenioïdes*, espèce rustique qui a déjà été essayée sur le littoral de l'île Bourbon, où elle a donné les meilleurs résultats ; enfin l'*E. persicifolia*, des forêts de Gypps-Land, désigné aussi sous le nom vulgaire de *Black-butt* (tronc noir). Cette dernière espèce résiste très bien à l'influence du vent de la mer et conserve toute sa taille malgré les vents salés, alors que, dans les mêmes conditions, la plupart de ses congénères, dont les rameaux sont brûlés constamment, restent des arbrisseaux toujours rabougris.

9° Espèces indiquant un terrain aurifère.

On sait que l'Australie a dû surtout sa prospérité, relativement considérable, à la découverte des mines d'or sur plusieurs points de son territoire. Les principaux gisements ont été découverts assez haut dans les montagnes et d'abord sur plusieurs points des Alpes australiennes, non loin de Melbourne, et par conséquent dans la colonie de Victoria.

C'est aux gisements aurifères dont elles sont le centre qu'est dû le développement rapide de la ville de Ballarat et de celle de Sandhurst, qu'on appelait primitivement Bendigo ; la population de ces deux villes est actuellement de 37,000 habitants pour la première, et de 28,000 pour la seconde. On a découvert ensuite d'autres mines d'or dans les montagnes Bleues de la Nouvelle-Galles du Sud, et particulièrement sur la chaîne des monts Canabolas; mais il est intéressant de constater que c'était chaque fois à une hauteur considérable au-dessus du niveau de la mer et dans une région boisée d'Eucalyptus.

L'extraction de l'or, qui s'est ralentie pendant ces dernières années, s'élève à une valeur moyenne de 100 à 150 millions de francs par an et occupe près de 50,000 ouvriers. On a calculé que, depuis 1851, les fouilles ont produit une totalité de sept milliards de francs.

Les mineurs ont fait cette remarque que certaines espèces d'Eucalyptus étaient caractéristiques des terrains aurifères, et que, par exemple, la présence de l'*E. inophlœa* dans les Alpes australiennes, et celle de l'*E. leucoxylon* dans la Nouvelle-Galles du Sud, indiquaient à peu près sûrement un gisement de ce précieux métal. Il en était de même de l'*E. sideroxylon*. Ces trois espèces doivent avoir sans doute une préférence marquée pour les terrains quartzeux, et c'est plus particulièrement dans les sols de cette nature que se trouvent ces pépites d'or qui attirent les mineurs de tous les pays. Quoi qu'il en soit, il est intéressant de constater cette relation qui semble exister entre ces trois espèces et les terrains aurifères qu'elles paraissent caractériser par leur présence.

Il est peut-être encore plus curieux de faire remarquer qu'un phénomène de même nature se produit également en Californie. Là aussi, le plus grand arbre de la création après l'Eucalyptus, mais qui l'emporte sur lui comme grosseur, le *Wellingtonia* ou *Sequoia gigantea*, se rencontre encore dans la région des terrains aurifères. Curieuse coïncidence, qui dans ces contrées privilégiées rapproche chaque fois la plus riche végétation du métal le plus précieux.

10° Espèces classées selon la nature du sol qu'elles préfèrent.

N'examinant les Eucalyptus qu'au point de vue de la géographie de leur indigénat, nous ne parlerons pas des caractères spéciaux qui distinguent les espèces entre elles en permettant de les déterminer. C'est ainsi que nous n'avons pas séparé les espèces d'Eucalyptus selon que les jeunes sujets se montraient uniformes ou biformes, relativement à la contexture des feuilles et à leur disposition sur le rameau. Dans le premier cas, les feuilles caractérisées dès le plus jeune âge, c'est-à-dire immédiatement après l'apparition des cotylédons, conservent la même forme pendant toute l'existence de l'arbre. Dans le second cas, au contraire, elles affectent d'abord une forme déterminée; généralement sessiles et embrassantes pendant que l'arbre est encore jeune, elles se caractérisent plus tard en devenant pétiolées, et prennent une forme tout à fait différente quand l'âge adulte est arrivé.

Nous n'avons pas parlé des caractères, pourtant essentiellement spécifiques, résultant de la forme de l'inflorescence, de la grosseur des boutons, des fruits et de la graine, enfin de cette coloration particulière des étamines qui donne parfois à la fleur un cachet de véritable élégance. Nous n'avons rien dit non plus de l'opercule, cet organe si curieusement développé chez certaines espèces et que M. Naudin considère comme une transformation de la corolle ; il coiffe la fleur à la manière d'un couvercle et se détache au moment de la floraison. Cette circonstance avait frappé le botaniste L'Héritier, auteur de la découverte du premier Eucalyptus, et lui avait suggéré ce nom, dont l'étymologie rappelle en effet cette curieuse conformation.

Nous pourrions ajouter cependant que dans les Eucalyptus le fruit est capsulaire et que les diverses parties de l'arbre, les feuilles surtout, contiennent une huile volatile utilisée dans l'industrie et dont nous aurons occasion plus tard d'indiquer les principaux usages.

Enfin les fleurs de la plupart des espèces sont recherchées par les abeilles, et les *E. melliodora, diversicolor, occidentalis, robusta* et *rostrata* sont surtout renommés pour leur valeur mellifère.

Sans nous étendre outre mesure sur ce sujet, nous croyons pourtant devoir dire quelques mots des sols de diverse nature dans lesquels se développent, à l'état indigène, les nombreuses espèces d'Eucalyptus, sur les montagnes, les coteaux ou les plaines de la Nouvelle-Hollande et de la Tasmanie.

Le groupement géographique des diverses espèces, dans le vaste continent australien, est subordonné à la composition minéralogique du terrain, d'une façon absolument indépendante de la latitude. Telle espèce qui se plaît plus particulièrement dans les sols basaltiques se retrouvera sur les divers points où dominera le terrain qu'elle préfère, en formant des stations spéciales situées à des distances souvent fort éloignées les unes des autres. Dans l'intervalle, on trouvera d'autres stations occupées par des espèces qui se plaisent de préférence dans les terrains granitiques, schisteux ou calcaires. De sorte que la même espèce pourra prospérer tout aussi bien au nord ou au midi de la Nouvelle-Hollande, c'est-à-dire sous des latitudes très différentes, pourvu qu'elle trouve les conditions de sol et d'exposition qui lui conviennent particulièrement.

En se rapprochant de l'Équateur, la différence de latitude sera compensée par une élévation plus considérable au-dessus du niveau de la mer. Ainsi, par exemple, dans la colonie de Victoria, sous le 37e degré de latitude, une espèce d'Eucalyptus vivra au pied des Alpes australiennes et prospérera à quelques mètres à peine au-dessus du niveau de la mer; cette même espèce pourra trouver dans la Nouvelle-Galles du Sud, vers le 28e degré, et dans le Queensland sous le 20e ou le 15e degré de latitude, c'est-à-dire beaucoup plus près de l'Équateur, des conditions climatériques équivalentes à 1,000 ou même 1,500 mètres d'altitude supra-marine. Elle s'y développera tout aussi bien si elle y rencontre les mêmes conditions de sol et d'humidité relative de l'atmosphère, ainsi qu'un abri souvent nécessaire contre la violence du vent.

Dans le classement des diverses espèces d'Eucalyptus groupées selon l'aire géographique de leur indigénat, nous avons indiqué, chaque fois, le terrain dans lequel on les rencontre. Il sera donc inutile d'y revenir ici. Nous nous bornerons à constater que chaque espèce a son terrain de prédilection qu'il est indispensable de connaître. Quand nous en essayerons la culture, nous pourrons ainsi la placer dans les conditions favorables qui lui sont nécessaires, et sans lesquelles on ne saurait espérer le succès.

VI.

Nous avons jusqu'à présent étudié les Eucalyptus dans tout ce qui est relatif à la Géographie de leur indigénat. Il convient maintenant d'en examiner les nombreuses espèces en les considérant au point de vue de la Géographie de leur culture dans les diverses contrées où on les a déjà expérimentées. En d'autres termes, nous allons essayer de déterminer l'aire géographique de l'ensemble des régions où les Eucalyptus sont cultivés.

Examinant ensuite la climatologie de ces diverses régions, nous la comparerons à celle de l'Australie et surtout de la Tasmanie ; nous verrons quelle relation il peut exister entre le climat des contrées les plus favorables à l'indigénat des Eucalyptus et celui des principales régions où leur culture s'est effectuée avec succès. Enfin, nous signalerons les principales propriétés de ces diverses espèces, les ressources précieuses qu'elles fournissent ; nous indiquerons particulièrement la qualité de leur bois et les usages auxquels on peut l'employer, les essences extraites de leurs feuilles, les divers produits tirés de leurs écorces, leur importance enfin pour l'assainissement des contrées où la fièvre domine, et d'une manière générale leur valeur incontestable au point de vue forestier.

Nous avons déjà cité[1] les premiers essais de culture de l'Eucalyptus entrepris au commencement de ce siècle dans les jardins ou les serres de la Malmaison et dans le jardin de Saint-Mandrier. Il ne s'agissait à ce moment que de l'espèce décrite par Bonpland sous le nom d'*E. diversifolia*. Depuis lors, les botanistes voyageurs qui ont successivement exploré l'Australie et la Tasmanie ont fait connaître, au retour de leurs voyages, d'autres espèces de cet arbre, et ils nous en ont souvent apporté des graines. C'est ainsi qu'on a pu essayer la culture de ces autres espèces dans la partie méridionale de l'Europe et particulièrement en France et en Italie.

La culture des Eucalyptus se bornait alors aux collections composées des quelques espèces déjà introduites et que l'on rencontrait un peu partout dans les jardins botaniques. Jusque-là leur culture en plein air n'en avait pas été réellement entreprise, ou du moins on n'en connaissait pas de nombreux exemples. Nous savons seulement[2] qu'en 1818 on avait essayé, à Florence, un certain nombre de jeunes sujets d'Eucalyptus, et qu'en 1829 on cultivait aussi au jardin botanique de Naples un *E. Globulus* qui commençait à se développer.

[1] Voir page 8.

[2] *Bulletino della R. Societa Toscana di Orticultura*, 1876, pag. 82.

Mais, comme le dit M. Naudin dans son savant mémoire eucalyptographique[1] : « à cette époque, personne ne soupçonnait encore l'importance que cet arbre devait avoir dans la culture industrielle ; c'est seulement en 1852 que M. Ferdinand Müller, parcourant les forêts d'Eucalyptus de la colonie de Victoria, reconnut la valeur de l'arbre et eut la première idée de le faire servir aux reboisements dans le midi de l'Europe. A partir de ce moment, commencèrent les envois de graines de ce grand propagateur des Eucalyptus. »

Feu Ramel, qui a visité plusieurs fois l'Australie, a contribué beaucoup par ses nombreuses publications sur les propriétés de l'Eucalyptus, à propager la culture de cet arbre, si précieux par les services qu il a déjà rendus et plus encore par ceux qu'il est appelé à rendre dans l'avenir, d'abord en Algérie, et ensuite sur le littoral méditerranéen. Les premiers essais de plantation en Algérie ne remontent guère qu'à l'année 1862, et cependant notre vaste colonie africaine est déjà peuplée maintenant de plantations fort importantes d'Eucalyptus, dont le bois est exploité depuis quelques années pour être employé à divers usages et surtout à fournir des poteaux télégraphiques.

Indépendamment de l'expérience faite dans le jardin de Saint-Mandrier, et que nous avons déjà citée[2], c'est probablement dans les jardins d'Hyères que les Eucalyptus ont été cultivés en plein air pour la première fois en France. Les plus anciens *E. Globulus* y furent plantés en 1857, et peu de temps après on essayait plusieurs autres espèces.

Depuis lors il a été reçu de nombreux envois de graines d'Eucalyptus, faits surtout par le baron F. Müller, directeur du jardin botanique de Melbourne, auquel nous sommes redevables de la presque totalité des espèces de cet arbre que possèdent aujour-

[1] *Mémoire sur les Eucalyptus introduits dans la région méditerranéenne, contenant la description de 31 espèces de ces arbres*, par M. Ch. Naudin, de l'Institut, directeur du Laboratoire de l'Enseignement supérieur, à la villa Thuret, près Antibes.

[2] Voir page 8.

d'hui l'Europe et l'Algérie. Aussi le nombre de ces espèces essayées successivement dans les cultures s'est accru avec rapidité, et il est aujourd'hui fort considérable. Le chiffre de celles qui ont été expérimentées successivement en pleine terre dans notre arboretum de Lattes, près Montpellier, s'élève maintenant à près de soixante et dix ; il est encore beaucoup plus considérable à Hyères, et surtout à Antibes, ainsi que sur plusieurs autres points du littoral de la Provence.

Il avait suffi d'une vingtaine d'années pour que l'*E. Globulus*, jusque-là à peu près inconnu, se fût répandu partout avec une prodigieuse rapidité, autant sur notre littoral que dans toute l'Algérie, ce qui indique justement que sa culture et son avenir deviennent de plus en plus appréciés aujourd'hui par tout le monde.

Notre colonie algérienne possède actuellement de nombreuses plantations d'Eucalyptus qui ont admirablement prospéré et qui promettent pour l'avenir de fonder sur elles les plus légitimes espérances. Ce sont d'abord les nombreux sujets que possède le beau jardin d'essai du Hamma, ainsi que les vastes et très riches collections de MM. Cordier et Trottier près d'Alger ; ensuite les importantes plantations entreprises par M. Arlès-Dufour et M. Gros dans la Mitidja ; enfin celles effectuées un peu partout, soit par divers particuliers, soit par les compagnies de chemins de fer, soit surtout par la Compagnie algérienne dans les immenses terrains que le gouvernement lui a concédés.

Du côté européen de la Méditerranée, la villa Thuret près d'Antibes, devenue un centre d'études botaniques sous la direction de M. Ch. Naudin, de l'Institut, possède un grand nombre d'espèces d'*Eucalyptus*, soit en individus adultes, soit en jeunes sujets. Cette collection a été commencée par feu Gustave Thuret *dans les jardins de sa villa, dont l'État et le monde scientifique* sont redevables à la libéralité patriotique de Mme Henri Thuret, sa belle-sœur ; elle est devenue aujourd'hui la plus nombreuse et surtout la plus riche en espèces de toutes les collections existant sur l'ancien continent. M. Naudin l'a continuée et l'a enrichie considérablement, on pourrait même dire qu'il l'a formée presque entièrement, par les nombreuses espèces qu'il y a réunies à force de patientes recherches et grâce à ses relations fréquentes avec les botanistes les plus éminents du monde entier.

D'autres jardins du littoral, quoique dans des proportions beaucoup plus restreintes, sont pareillement riches en Eucalyptus. Parmi eux, il convient de citer le jardin botanique de la ville de Toulon et celui de la Marine à Saint-Mandrier, les établissements Huber et Nardy à Hyères, le jardin de la Société d'Acclimatation près de cette dernière ville, ceux de M. Dognin, de M. le comte d'Eprémesnil et de M. Mazel à Golfe-Jouan près d'Antibes, celui de M. Thomas Hanbury à la Mortola près de Menton, ainsi qu'un grand nombre de collections plus restreintes ou de pieds isolés, disséminés un peu partout sur le littoral de la Méditerranée, depuis Port-Vendres et Collioure jusqu'à Menton et au delà.

On peut voir, plus près de nous, quelques Eucalyptus qui ont fleuri successivement ou simultanément, soit au jardin botanique de Montpellier et à l'École d'Agriculture, soit à Lattes et dans plusieurs propriétés particulières, soit enfin au Polygone du Génie.

D'intéressantes cultures d'Eucalyptus existent aussi en Corse et en Italie, autant sur le littoral que dans les jardins botaniques et chez des particuliers, où l'on en trouve de belles collections, comme par exemple à Casabianca, près de Port-Ercole sur le Monte Argentario; mais c'est surtout dans l'immense domaine de Saint-Paul-Trois-Fontaines, près de Rome, qu'on peut admirer les plus vastes plantations d'Eucalyptus qui existent aujourd'hui de ce côté de la Méditerranée. La propagation de cet arbre p écieux tend donc à s'étendre de plus en plus dans toute la partie méridionale de l'Europe, là surtout où les hivers relativement doux lui permettent de résister complètement.

On voit, par tout ce qui précède, que l'aire géographique dans laquelle la culture de l'Eucalyptus est possible en Europe se trouve confinée dans une zone assez étroite. Elle comprend toute la côte portugaise de l'Atlantique depuis l'embouchure du Minho, et se prolonge ensuite jusqu'à Gibraltar ; de ce point, elle remonte vers le Nord en longeant le littoral de la Méditerranée depuis l'extrémité méridionale de l'Espagne et se continue sur toute la côte française et italienne ; elle pénètre enfin dans l'Adriatique et s'étend jusqu'en Grèce et au delà. Mais elle occupe principalement toutes les parties les plus méridionales de ce littoral, ou du moins celles qui sont spécialement abritées.

Les limites géographiques de cette zone sont donc comprises d'une manière générale entre le 36° et le 44ᵉ degré de latitude, c'est-à-dire entre les extrémités méridionales de l'Espagne, de la Sicile et de la Grèce, qui en forment la limite naturelle au Sud, et Gênes qui en est l'extrême limite Nord. Il y aurait à réduire de quelques degrés son extension vers le Nord si des abris naturels ne fournissaient pas une compensation suffisante à la latitude trop septentrionale de la partie des côtes de la Provence et de la Ligurie, depuis Toulon jusqu'à la Spezzia et même jusqu'à Pise.

Les régions trop au Nord ou qui ne jouissent pas d'abris naturels suffisamment efficaces, celles surtout qui sont entièrement à découvert, comme la partie comprise entre Rivesaltes et Marseille, ne peuvent conserver longtemps les Eucalyptus : ces arbres y gèlent souvent et finissent même par dépérir sous l'influence des hivers rigoureux qui surviennent en moyenne tous les quatre ou cinq ans.

C'est aujourd'hui par millions qu'on rencontre les Eucalyptus plantés depuis vingt ans en Provence, en Corse et dans notre colonie algérienne, en Italie et dans la Sicile, en Espagne et dans le Portugal, ainsi que partout ailleurs. On en a essayé également la culture en Grèce et en Turquie, en Asie-Mineure et en Égypte, dans les îles Maurice et de la Réunion, dans l'Inde et au cap de Bonne-Espérance. Des expériences ont été tentées aussi avec succès dans diverses parties du Nouveau-Monde et notamment en Californie et au Mexique, dans la Nouvelle-Grenade et au Chili, sur plusieurs points du Brésil et de la Plata, etc. Là, c'est également par millions que les Eucalyptus ont été essayés ; on les voit déjà, dans toutes ces contrées, formant de véritables forêts, quoique d'une surface encore restreinte, qui démontrent néanmoins le succès de cette culture. Non seulement les Eucalyptus ont prospéré convenablement presque partout dans les diverses contrées où on les a essayés, mais ils ont encore grandi, fleuri et même fructifié, ce qui constitue le véritable *criterium* de leur naturalisation.

L'*E. Globulus* a été pendant longtemps l'espèce favorite des expérimentateurs ; mais, depuis qu'on connaît mieux les forêts de l'Australie et de la Tasmanie, on ne s'en tient plus à cette seule espèce. Aujourd'hui on peut varier les essais de culture et discerner les espèces convenant le mieux selon le terrain sur lequel doit être faite l'expérience. Nous possédons actuellement en effet, ainsi que nous l'avons vu précédemment, des données assez précises sur les conditions dans lesquelles les Eucalyptus se développent à l'état indigène.

Par la latitude et l'altitude de la localité où une espèce déterminée a été trouvée, nous pouvons juger de son degré de résistance au froid. Connaissant ensuite la nature du terrain sur lequel elle prospère dans les forêts de son pays d'origine, nous nous rendons compte, par analogie, des conditions de sol qui lui sont nécessaires pour se développer dans la culture. Enfin nous avons pu apprécier déjà, et nous les examinerons encore plus attentivement par la suite, les diverses propriétés que présente chacune des espèces et les services de plusieurs natures qu'elle est susceptible de nous rendre. Ces données nous serviront de guide pour le choix à faire des espèces qu'il convient le mieux d'essayer. De cette façon, on évitera bien des tâtonnements, et les expériences qui se feront par la suite pourront être effectuées dans les meilleures conditions de succès.

Nous ne citerons ici que pour mémoire les essais de culture qui ont été tentés un peu partout dans diverses régions de la France, et particulièrement dans l'Ouest et même le Nord-Ouest, mais alors seulement au point de vue horticole de l'ornementation des jardins. Nous verrons en effet, par la suite de cette étude, que les Eucalyptus ont résisté souvent assez bien, en Bretagne, à Cherbourg et sur plusieurs autres points de la presqu'île du Cotentin. Il en est de même dans les îles de la Manche, ainsi que dans les provinces méridionales de l'Angleterre. Il n'est pas même jusqu'à Édimbourg, en Écosse, où l'on a pu conserver les Eucalyptus en plein air et pendant assez longtemps. Nous y reviendrons plus tard et nous essayerons d'examiner alors les conditions climatologiques expliquant cette curieuse circonstance, qui constitue un fait intéressant de Géographie botanique.

Nous croyons utile de faire remarquer ici que, sous le rapport pittoresque, les Eucalyptus affectent en général cette teinte grise qui caractérise justement les Oliviers et l'ensemble de la végétation de toute la région méditerranéenne, dans laquelle les Gommiers australiens sont susceptibles de prospérer. Nous avons vu que c'était aussi la teinte générale de la végétation dans la Nouvelle-Hollande, et c'est là un autre point de ressemblance entre notre littoral, où prospèrent si bien les Eucalyptus, et le pays d'où ils sont originaires.

On multiplie très facilement les Eucalyptus par la voie du semis. Les graines nous viennent généralement d'Australie, mais déjà l'Algérie, la Provence et l'Italie commencent à en fournir. On peut aussi les multiplier par le bouturage, mais c'est alors un procédé horticole qui exige beaucoup de soins. Nous avons réussi également, pour des espèces rares, le mode de multiplication par marcotte ou couchage, et ce moyen de propagation nous a fourni un certain nombre de sujets qui se sont ensuite bien comportés. Mais nous avons été moins heureux dans les essais de greffage : la soudure s'opérait très bien, le résultat paraissait tout d'abord satisfaisant ; et cependant les sujets ainsi greffés ne tardaient pas à dépérir.

Les Eucalyptus venus de semis et plantés dans un sol bien approprié à l'espèce se développent avec une très grande rapidité. Ils atteignent souvent trois ou quatre mètres et quelquefois encore davantage, dès la deuxième ou la troisième année de semis. On voyait récemment encore dans le jardin de M. Mazel, à Golfe-Jouan, des *E. Globulus* qui, après six ans de plantation, mesuraient déjà plus d'un mètre de circonférence et près de vingt mètres de hauteur. A Valetta, près de Cannes, chez M. Dognin, un arbre de la même espèce à peine âgé de 18 ans ne mesure pas moins de 30 mètres de haut sur $2^m,60$ de circonférence à un mètre au-dessus du sol.

Ce très rapide accroissement en élévation, au moins pour certaines espèces, est quelquefois un inconvénient auquel il convient de remédier. Quand ces arbres sont trop exposés aux grands vents, ils ont de la peine à se soutenir et sont souvent renversés ou même cassés. C'est ce qui arrive fréquemment en maints endroits, comme par exemple dans le Roussillon et sur les points découverts de la côte, en Espagne comme en Italie. Il convient, dans ce cas, de soumettre les sujets, dès leur jeune âge, à des pincements qu'on renouvelle à deux ou même à trois reprises chaque année, selon la rapidité de la croissance. On se borne à dépointer chaque fois l'extrémité de la flèche ; cette opération peu difficile favorise le développement des branches latérales, et le tronc s'accroît en grosseur au détriment de la longueur, ce qui, dans ce cas, est un avantage appréciable. La flèche se reconstitue très facilement, de sorte que cette opération n'offre sous ce rapport aucun inconvénient sérieux.

Quand on aura à effectuer des plantations d'Eucalyptus sur des terrains trop exposés à la violence du vent, et surtout avec des espèces qui ont une propension naturelle à s'allonger outre mesure, il conviendra de ne pas s'en tenir seulement aux pincements. Il faudra planter très serré, soit environ à $1^m,50$ en tout sens, afin que les arbres, se développant en massifs plus compacts, puissent se protéger les uns les autres et soient moins exposés ainsi à être renversés. Il conviendrait alors d'éclaircir, en supprimant progressivement un certain nombre de sujets, au fur et à mesure de leur développement.

Dans la région méditerranéenne, les Eucalyptus se développent très bien dans les terrains schisteux de la chaîne des Maures, dans les terrains granitiques des montagnes de l'Esterel et à peu près aussi bien dans les calcaires de Nice. Ils prospèrent également dans les sables des maremmes italiennes et se sont montrés généralement peu difficiles sur la nature du sol. Toutefois ceci ne s'applique évidemment qu'à un certain nombre d'espèces introduites, et ce sont justement celles qui sont les plus répandues dans notre région; quelques autres au contraire, celles par exemple qui appartiennent au groupe des *E. alpina, amygdalina, fissilis, viminalis*, etc., etc., exigent des terrains de nature spéciale et ne prospèrent pas partout également. Ce sont celles-là, plus particulièrement encore que les autres, que nous n'avons pu réussir dans les alluvions de Lattes près de Montpellier, où nous avons essayé un grand nombre d'espèces d'Eucalyptus.

Enfin nous devons mentionner ici, à propos des Eucalyptus, quelques genres très voisins, et particulièrement les *Angophora*, les *Rhodomyrtus* et les *Tristania*. Ils sont également originaires de la Nouvelle-Hollande et offrent tous les trois une grande analogie de forme extérieure et de végétation avec les vrais Eucalyptus.

Nous avons vu dans les riches collections de la villa Thuret un bel exemplaire d'*Angophora lanceolata*, qui paraît vouloir prospérer sur le littoral aussi bien que les Gommiers australiens. Ce genre intéresssant pourra peut-être plus tard nous rendre aussi des services au même titre que les Eucalyptus. Les *Angophora* ressemblent d'ailleurs beaucoup à ces derniers par leur port et leur feuillage ; ils présentent presque absolument le même *faciès*, et on les confondrait facilement avec les vrais Eucalyptus si les caractères tirés de la forme de la fleur et surtout l'absence d'opercule ne permettaient de les en distinguer.

Quelques espèces d'Acacia à phyllodes de la Nouvelle-Hollande ressemblent aussi beaucoup aux Eucalyptus par leur port et leur feuillage, et, à première vue, on pourrait facilement les confondre avec ces derniers. L'une de ces espèces surtout, l'*Acacia petiolaris*, présente plus particulièrement ce caractère. Telle a été du moins notre impression en admirant un bel exemplaire de cette espèce qui se trouve chez M. le comte d'Eprémesnil dans le remarquable jardin de sa villa des Cocotiers, si bien ensoleillée.

Nous aurons occasion de décrire autre part les richesses végétales qui abondent sur ce point et la croissance très rapide des beaux échantillons qu'on y rencontre à chaque pas. Il y a d'ailleurs aussi, comme nous l'avons indiqué précédemment, une belle collection déjà fort nombreuse d'espèces d'Eucalyptus dont nous avons signalé et signalerons encore les principales ; les exemplaires, encore jeunes, commencent à se développer et fourniront par la suite, pour ce genre d'arbres, un sujet d'études fort intéressant.

VII.

Dans le chapitre précédent, nous avons esquissé à grands traits l'aire géographique de dissémination de la culture des Eucalyptus. Il nous reste maintenant à préciser géographiquement l'extension de cette culture, d'abord sur toute l'étendue du littoral de la Méditerranée, ensuite sur les côtes françaises ou anglaises de la Manche, enfin dans les contrées éloignées de l'Asie, de l'Afrique et de l'Amérique, où cette culture a été essayée.

Nous commencerons par la France méridionale, en y comprenant la Corse et surtout notre colonie algérienne, qui en forme la continuation de l'autre côté de la Méditerranée. Nous diviserons notre littoral en trois sections distinctes, savoir : d'abord la région provençale à l'Est, comprenant une zone étroite s'étendant le long des côtes de la mer depuis Marseille jusqu'à Menton ; ensuite la région du littoral du Roussillon située entre Cerbère et Perpignan ou même Rivesaltes ; enfin toute la partie centrale, placée entre les deux précédentes et s'étendant depuis Rivesaltes au Sud jusqu'à Marseille à l'Est. Nous désignerons cette dernière section sous le nom de région de Montpellier, parce que cette ville en occupe à peu près le centre et que c'est d'ailleurs dans ses environs qu'ont été faits d'assez nombreux essais de culture des Eucalyptus.

1° Provence.

Nous avons déjà vu que le littoral de la Méditerranée compris entre Marseille et Vintimille est, par excellence, le lieu d'élection de la culture des Eucalyptus. Dans la plupart des localités de cette région, ces arbres prospèrent admirablement avec une puissance de végétation qui rappelle celle de leur pays d'origine. Il s'y en est planté des quantités prodigieuses pendant ces vingt dernières années. Aussi les Eucalyptus contribuent pour beaucoup à donner un cachet spécial à toute cette région. On les rencontre à chaque pas dans les promenades publiques et dans tous les jardins, où les qualités éminemment ornementales de cet arbre sont de plus en plus appréciées. Les Eucalyptus commencent même à remplir le rôle véritablement utilitaire qui leur est réservé, celui d'être employés comme essence de reboisement. Des essais de cette nature, entrepris sur plusieurs points, ont déjà donné ou promettent pour plus tard d'excellents résultats.

C'est d'abord à Hyères que s'étaient faits les premiers essais de culture en plein air, et récemment encore on pouvait admirer dans l'ancien jardin Rantonnet, qui fut englobé ensuite dans l'établissement Huber, le doyen des Eucalyptus de France. Cet arbre, plus vénérable par ses gigantesques proportions que par son âge, avait été planté en 1857 ; il ne mesurait pas moins de $3^{m},80$ de circonférence et 30 mèt. environ de hauteur, quand, il y a deux ans à peine, on l'a abattu sous le prétexte qu'il se trouvait sur le parcours d'un boulevard projeté de la ville à la gare. Il n'existe donc plus maintenant qu'à l'état de souvenir, tandis que, peut-être, cet acte de véritable vandalisme aurait pu être évité, soit en modifiant légèrement le tracé, soit en plaçant cet arbre au centre d'un rond-point, comme on l'a fait avec plus d'intelligence pour un énorme Pin pignon qui se trouvait dans l'axe d'une nouvelle route, entre Cogolin et Saint-Tropez, et qu'on a ainsi respecté.

Les jardins d'Hyères ont été en France, comme nous venons de le voir, le véritable berceau de la culture des Eucalyptus. Dès 1864, on y remarquait[1], quoique en exemplaires encore jeunes, cinq espèces qui commençaient alors à se développer : c'étaient d'abord les *E. Globulus* et *robusta* dans le jardin de M. Denis, et ensuite les *E. diversifolia*, *Globulus*, *porosa* et *saligna* dans l'établissement Huber. Ces cinq espèces étaient à peu près les seules que possédait alors le littoral de la Méditerranée ; quelques-uns des sujets plantés vers cette époque dans les jardins d'Hyères subsistent aujourd'hui et rivalisent de grosseur avec celui dont les dimensions viennent d'être indiquées. Il existe encore à Hyères, dans la cour de l'hôtel du Louvre, un énorme Eucalyptus que Ramel signalait jadis comme étant le plus âgé de tous ceux de France.

On a planté dans le jardin d'Acclimatation d'Hyères une véritable petite forêt d'Eucalyptus occupant une surface de plus de trois hectares et s'étendant jusque sur les dunes qui bordent la mer. Les conditions de sol et d'exposition ne sont pas des meilleures, et la végétation de ces arbres n'est pas partout également bonne. Quelques espèces pourtant, comme par exemple les *E. tereticornis* et *viminalis*, se comportent assez bien. On y a mêlé des *Casuarina* qui se développent convenablement. Ce jardin a été créé dans l'ancien clos Riquier, il y a une quinzaine d'années, par M. Geoffroy Saint-Hilaire, directeur du Jardin d'Acclimatation du bois de Boulogne, et sous cette savante direction il a pris un développement rapide. Les plantations sont confiées aux soins d'un chef de culture aussi habile qu'intelligent, M. Davrillon ; elles comprennent un nombre considérable de végétaux dont la plupart ne peuvent résister sous le climat de Paris, et parmi eux nous devrons signaler particulièrement une collection de 51 espèces d'Eucalyptus.

[1] *Bulletin de la Société d'horticulture et de naturalisation d'Hyères*, 1864.

Nous avons déjà cité les établissements Huber et Nardy, dans lesquels il a été essayé beaucoup d'espèces d'Eucalyptus dont la plupart sont représentées aujourd'hui par d'assez forts exemplaires. On en voit aussi sur presque toutes les promenades publiques et dans un grand nombre de jardins qu'il serait trop long d'énumérer.

C'est à Hyères que l'*E. Globulus* a fleuri et a fructifié pour la première fois en France. Beaucoup d'autres espèces fleurissent et fructifient également, grâce à la douceur du climat de cette station hivernale si heureusement privilégiée. Nous nous bornerons à citer dans ce nombre l'*E. calophylla* aux feuilles grandes et lauriformes, très belle espèce de l'Australie occidentale et d'un grand avenir autant pour l'ornementation que comme essence forestière; elle est remarquable par la rapidité de sa croissance et la qualité de son bois, ainsi que par ses gros fruits en forme d'urnes. Cette espèce fructifie aussi à la villa Thuret ainsi qu'à Golfe-Jouan chez M. Mazel, où elle atteint plus de 20 mètres de hauteur.

Aux environs de Marseille, on peut voir déjà quelques plantations d'Eucalyptus chez M. le comte de la Chesnay dans sa villa de Castellamare, chez M. G. Renouard au quartier de la Valentine, chez M. Barbaroux sur la route de Toulon, et surtout chez M. Trichaud dans sa villa de l'Estaque. Sur ce dernier point, exceptionnellement abrité, une vingtaine d'*E. Globulus* ont atteint rapidement 20 mètres de hauteur et un diamètre proportionné; ils sont magnifiques et fleurissent abondamment.

La villa Talabot, désignée sous le nom plus marseillais de bastide du Roucas-Blanc, ainsi que la plupart des jardins qui entourent la vieille cité phocéenne, ceux surtout qui sont placés sur le bord de la mer ou sur les pentes de la chaîne de l'Estaque, possèdent aussi quelques Eucalyptus. On les y a plantés généralement dans des expositions abritées, et celles-ci se rencontrent assez fréquemment pour que la culture de cet arbre puisse se répandre encore davantage dans les jardins de Marseille et de ses environs Il en est de même à Saint-Cyr, à Ban-

7

dol, à Saint-Nazaire, ainsi qu'à Ollioules et sur de nombreux points de la région côtière comprise entre Marseille, Toulon et au-delà jusqu'à Hyères.

Le jardin de Saint-Mandrier et celui de la ville de Toulon contiennent des Eucalyptus déjà fort avancés en âge, et on rencontre aussi un certain nombre de ces arbres sur beaucoup de points de cette région, où ils devraient être plus nombreux.

Au delà de Toulon et d'Hyères, si nous suivons la voie ferrée dans la direction de Fréjus par la vallée de Gapeau et celle de l'Argens, le climat change brusquement et nous ne trouvons plus de traces de cette végétation exotique que nous venons d'admirer à Hyères. Nous la retrouverons cependant un peu plus loin, à Saint-Raphaël et à Cannes, à Golfe-Jouan et à Antibes, à Nice et à Menton, ainsi qu'à Vintimille, San Remo, Gênes et sur toute la côte italienne de la Ligurie.

Mais si, au contraire, nous suivons le littoral en contournant le massif de la chaîne des Maures, il n'y aura plus alors aucune interruption dans les conditions climatériques nécessaires à l'Eucalyptus. Bormes, Lavandou, Cavalaire, Grimaud, Saint-Maxime près de Saint-Tropez, sont des localités très abritées au même titre que Hyères, Cannes, Nice et la plupart des autres stations du littoral. On pourrait en dire presque autant de toute la partie comprise entre Saint-Tropez et Fréjus en suivant le bord de la mer. Il y a là toute une région littorale encore peu connue, dont les parties les plus favorisées sont appelées à devenir d'excellentes stations d'hiver, au même titre que leurs aînées. Dans quelques vallées descendant des contreforts de la montagne, on pourra créer des jardins pour les cultures tropicales qui présenteront les meilleures conditions de succès. Les jardins de Fréjus et de ses environs occupent une exposition moins abritée, étant refroidis par les vents qui descendent par la vallée de l'Argens.

Nous arrivons ainsi à Saint-Raphaël, une station d'hiver toute neuve, mais peuplée déjà d'élégantes villas et de jolis jardins dans lesquels nous retrouvons, en sujets encore jeunes, la plupart des plantes exotiques que nous avions précédemment admirées dans les cultures d'Hyères et de Saint-Mandrier. Le célèbre romancier Alphonse Karr, après avoir longtemps habité Nice, où il a été le véritable fondateur de l'horticulture exotique sur le littoral, est venu planter sa tente sur la belle plage de Saint-Raphaël, jusque-là à peu près inconnue ; il a contribué ainsi plus que personne à faire la réputation de cette nouvelle station hivernale. Ayant choisi avec discernement l'emplacement le plus convenable pour cultiver les végétaux frileux dans une petite vallée bien abritée et arrosée, il y a rassemblé un grand nombre de plantes de choix qui se sont admirablement développées comme elles ont voulu. Aussi est-ce aujourd'hui un fouillis presque inextricable dans lequel la liberté d'allure de chaque plante est scrupuleusement respectée et où le sécateur n'émonde jamais une branche quand elle vient à s'échapper irrévérencieusement à travers une allée. S'il plaît à cette branche, en grossissant, d'intercepter le passage dans les sentiers que seul connaît très bien le solitaire de Maison-close, il faut alors la franchir comme on le peut, ou bien passer dessous en se couchant à plat ventre. N'importe, le véritable ami des plantes oubliera très vite ces petits désagréments, en admirant les merveilles végétales de toute nature qu'il rencontre à chaque pas. On ne se doute pas des richesses horticoles qu'a entassées là-dedans le spirituel jardinier, aussi habile à cultiver les plantes qu'à écrire ces belles pages de littérature magistrale et de fine critique qui passeront à la postérité. Nous essayerons plus tard d'en faire la description; mais, en attendant, nous nous bornerons à citer diverses espèces d'Eucalyptus et surtout un *E. Globulus* aux énormes proportions planté par Alphonse Karr lui-même, et qui est aujourd'hui le plus fort échantillon de la région de Saint-Raphaël. Il y a deux ans, au moment de notre visite, cet arbre mesurait déjà 2 mèt. de circonférence et 20 mèt. de hauteur. On y remarquait aussi une très jolie variété à fleurs pourpres de l'*E. leucoxylon*, ainsi qu'un fort bel exemplaire de l'*E. diversifolia* fleurissant et fructifiant tous les ans.

Les places et les boulevards de Saint-Raphaël sont plantés

d'Eucalyptus déjà assez grands. On en a planté aussi dans beaucoup de jardins, et sous ce rapport surtout cette jeune station d'hiver n'aura bientôt rien à envier à aucune de ses aînées.

A partir de Saint-Raphaël et jusqu'en Italie, nous trouvons alors des Eucalyptus à chaque pas ; nous ne cesserons jamais d'en rencontrer autant dans les jardins que sur les promenades, les bords des chemins et même dans les bois.

Dans toute cette belle région si privilégiée du soleil, la prospérité s'est prodigieusement accrue depuis l'établissement du chemin de fer, et elle est appelée certainement à s'accroître encore davantage. On s'est malheureusement livré à une spéculation effrénée sur les terrains et on a eu le tort d'escompter beaucoup trop la plus-value que promettait l'avenir. Cette impatience mal retenue, exagérant une spéculation qui par elle-même avait sa raison d'être, devait amener une réaction qui a fait malheureusement de nombreuses victimes. Mais il y a tout lieu d'espérer qu'une réaction contraire ne tardera pas à se produire. En attendant, on continue à tracer des boulevards à travers les forêts de Myrtes et à planter un peu partout de nombreux Eucalyptus ; ces arbres se trouveront ensuite dans les futurs jardins des villas qui doivent s'y créer dans un avenir toujours trop éloigné au gré des spéculateurs. On a obtenu ainsi rapidement une végétation arborescente qui modifie beaucoup et avec avantage la physionomie générale de la contrée.

On ne saurait trop encourager cet élan, en recommandant toutefois de ne pas s'en tenir à une seule espèce d'Eucalyptus. En multipliant au contraire le nombre des espèces, et aujourd'hui celles que nous connaissons sont assez nombreuses pour cela, on enlèvera à l'ensemble de la végétation le caractère de monotonie qui la distingue quand on retrouve toujours et partout la même essence forestière. Les espèces de teinte différente, celles au feuillage étroit et très allongé, telles que les *E. fissilis*, *viminalis*, *amygdalina*, etc., ou bien celles qui sont très touffues, telles que les *E. rostrata*, *resinifera*, etc., contrasteront avec les espèces élancées et à grandes feuilles, en variant ainsi davantage la végétation des promenades et des jardins.

Le Dattier (*Phœnix dactylifera*) est également planté un peu partout, et, quoique d'une croissance infiniment plus lente que l'Eucalyptus, il contribue, par la forme toute spéciale qu'on lui connaît, à donner au paysage un cachet éminemment méridional.

Il est une autre plante voisine du Dattier qui nous paraît appelée à remplir au même titre, et peut-être mieux que lui, un rôle considérable sur tout le littoral de la Provence et de l'Italie. Nous voulons parler du *Phœnix canariensis*, une magnifique espèce dont les plus splendides exemplaires que nous connaissions en Europe se trouvent dans le jardin très riche en belles plantes de l'élégante villa Vigier près de Nice. Ce palmier, remarquable à tous égards, est originaire des îles Canaries, où M. le Dr Christ (de Bâle) a récemment constaté sa présence avec certitude, alors que jusque-là elle avait été quelquefois mise en doute.

Par sa croissance rapide, la taille considérable qu'il acquiert promptement, la grosseur de son tronc, la vaste envergure de sa tête et par-dessus tout son étonnante rusticité, le *Phœnix canariensis* aura sa place marquée dans les promenades et les jardins au même titre que les Eucalyptus et les Dattiers. Son feuillage abondant et bien vert contraste avec la glaucescence de celui du Dattier et avec la teinte généralement grise de la végétation du littoral. Aussi cet arbre nous paraît-il devoir rendre des services considérables sous le rapport de l'ornementation ; il nous semble qu'un brillant avenir lui est réservé, d'autant mieux qu'il fructifie aisément après fécondation artificielle et qu'il produit beaucoup de graines servant déjà à le multiplier.

Les jardins des nombreuses villas qui entourent Saint-Raphaël et Cannes, en s'étendant ensuite jusqu'à Golfe-Jouan, Antibes, Nice et Menton, sont peuplés de nombreux Eucalyptus. Autrefois l'*E. Globulus* était cultivé partout à peu près exclusivement, mais depuis quelques années les expériences faites avec beaucoup d'autres espèces ont démontré que la plupart résistent aussi bien, tout en se développant convenablement. Il y a eu tout profit à les répandre dans les jardins, et aujourd'hui elles entrent pour la plus large part, avec beaucoup d'avantages, dans les plantations effectuées sur le littoral.

C'est ainsi par exemple que l'*E. diversifolia*, désigné par Müller sous le nom d'*E. santalifolia*, cultivé d'abord à Saint-Mandrier comme nous l'avons vu, s'est ensuite propagé dans les jardins de Toulon et surtout dans ceux d'Hyères, de Saint-Raphaël, de Nice et de Menton.

Il en est de même à Théoule, Le Trayas, Agay et particulièrement à la Boulerie, une nouvelle station d'hiver dans laquelle les Eucalyptus sont déjà fort nombreux.

D'autres espèces sont aussi fort répandues un peu partout sur le littoral de la Méditerranée, depuis Marseille et Toulon jusqu'à Menton, Vintimille, Gênes et au delà sur la côte italienne. Ce sont surtout l'*E. botryoïdes*, dont on rencontre fréquemment de forts exemplaires de 20 à 25 mèt. de hauteur avec un diamètre proportionné ; l'*E. concolor*, espèce intéressante pour l'ornementation, qui fleurit à l'état jeune et n'acquiert pas de grandes dimensions; l'*E.cornuta*, ainsi nommé pour la longueur considérable de son opercule, qui le rend très curieux ; l'*E.gracilis*, qui reste un arbrisseau ornemental par ses belles fleurs blanches et la glaucescence de son feuillage ; l'*E. leucoxylon*, dont la croissance est très rapide et dont on voit çà et là de grands exemplaires atteignant déjà jusqu'à 20 et même 25 mèt. de hauteur. Nous citerons encore l'*E. longifolia*, très répandu, fructifiant et mesurant déjà 15 à 16 mèt. de hauteur, quoique cultivé depuis peu de temps ; l'*E.melliodora*, très rustique partout et intéressant par ses rameaux pendants et ses fleurs odorantes que les abeilles recherchent avidement ; l'*E.occidentalis*, dont le tronc généralement peu droit se ramifie souvent ; et enfin l'*E. tereticornis*, remarquable par la rapidité de sa croissance comme par ses feuilles très grandes et glaucescentes. Ces diverses espèces, sans être aussi communes que l'*E.Globulus*, se rencontrent aujourd'hui fréquemment sur le littoral en sujets déjà grands, fleurissant et fructifiant abondamment. La plupart résistent à Toulon ainsi qu'à Saint-Mandrier et surtout dans les nombreux jardins des environs d'Hyères, de Saint-Raphaël, de Cannes, de Golfe-Jouan, d'Antibes, de Nice et de Menton.

Quelques autres espèces, quoique moins répandues encore que les précédentes, se rencontrent néanmoins dans un certain nombre de jardins. L'*E. coriacea*, espèce alpestre de la Nouvelle-Galles-du-Sud ainsi que de la colonie de Victoria, et qu'on retrouve également dans les montagnes de la Tasmanie, a la réputation d'être fort résistant au froid. Il en existait à Pau (Basses-Pyrénées) un assez fort échantillon dans le jardin d'un amateur passionné de plantes, feu M. Paul Tourasse. Cet arbre a supporté le climat de cette localité pendant quelques années ; il y a même fleuri, mais il a succombé par suite du froid exceptionnellement rigoureux de l'hiver 1881-82.

L'*E. diversicolor*, connu aussi sous le nom d'*E. colossea*, s'est montré plus sensible à la gelée que plusieurs de ses congénères; de jeunes exemplaires de cette espèce commencent à montrer leurs premières fleurs dans les jardins de Cannes et de Nice. Il en existe de plus avancés à la villa des Cocotiers, et un superbe exemplaire fleurissant, fructifiant et mesurant déjà une quinzaine de mètres, à Juan-les-Pins près d'Antibes.

L'*E. rostrata* n'est pas encore très répandu, tandis que c'est l'espèce cultivée de préférence dans les environs de Montpellier.

L'*E. robusta*, introduit depuis peu, se montre déjà dans beaucoup de jardins en jeunes sujets de 7 à 8 mèt. de haut qui commencent à fleurir et même à fructifier ; il promet de devenir l'une des plus belles espèces.

Enfin, quoique découvert le premier de tous, l'*E. obliqua* est cependant encore peu répandu : il en existe pourtant un très bel exemplaire de plus de 20 mèt. de hauteur, chez M. Mazel à Golfe-Jouan près d'Antibes, dans son jardin très riche encore en belles espèces d'arbres et de plantes, et où il a été fait de nombreux essais de végétaux exotiques qu'on n'avait pas encore jusque-là osé aventurer en plein air.

A l'extrémité du promontoire d'Antibes, dans le jardin de la villa Soleil, l'*E. Lehmanni* Benth. forme une grande touffe qui fructifie déjà abondamment. C'est une espèce encore peu répandue et paraissant moins rustique que l'*E. Globulus ;* on la rencontre pourtant dans quelques collections et particulièrement à la villa Thuret près d'Antibes et à la Mortola près de Menton. Nous avons déjà cité[1] les particularités intéressantes qui distinguent de tous les autres Eucalyptus cette curieuse espèce, décrite par Schauer sous le nom de *Symphyomyrtus Lehmanni.*

L'*E. polyanthema* est encore peu cultivé ici, alors que nous le verrons très répandu dans les jardins du centre et du sud de l'Italie ; il diffère également de la plupart des autres Eucalyptus par ses feuilles largement arrondies, dressées au lieu d'être pendantes et très glauques. C'est une espèce très ornementale par son feuillage et ses belles fleurs disposées en panicules blanches à l'extrémité des rameaux, à la manière de nos Troënes.

A Hyères, ainsi que chez M. Mazel à Golfe-Jouan, on trouve de forts et très beaux sujets d'*E. calophylla, botryoïdes* et *amygdalina,* de même que de plusieurs autres espèces. Ces arbres atteignent sur ce point 20 mèt. et plus de hauteur, avec un tronc de grosseur proportionnée ; ils y fleurissent et fructifient abondamment. Plusieurs de ces espèces, l'*E. amygdalina*, de M. Mazel entre autres, sont représentées par les plus forts échantillons qui existent sur notre ancien continent.

La belle villa de M. Dognin, si heureusement située entre Cannes et Golfe-Jouan, est excessivement abritée. Son immense jardin, fort intéressant à visiter, possède, se développant à l'air libre, l'une des plus complètes collections de végétaux exotiques qui existent aujourd'hui en Europe et qui en font un véritable jardin d'acclimatation. On y remarque beaucoup d'Eucalyptus, parmi lesquels un magnifique échantillon d'une variété à feuilles

[1] Voir pag. 79.

étroites de l'*E. amygdalina*, et que M. Müller a appelée pour cette raison *E. amygdalina angustifolia*. L'un des plus beaux *E. Globulus* de M. Dognin, dont nous avons précédemment indiqué les gigantesques proportions, a été figuré dans l'intéressant travail que M. Joly[1] a consacré aux Eucalyptus. Plusieurs autres sujets de cette même espèce, tout aussi forts ou même encore plus grands, ont été successivement arrachés pour céder la place à des plantes plus nouvelles.

Cette villa est aussi très riche en collections fort nombreuses d'autres belles espèces de plantes, et il y a été fait des essais d'acclimatation excessivement intéressants. Dans un travail, en préparation, sur le climat de la région méditerranéenne caractérisé par la végétation de chacune de ses parties, nous essayerons prochainement de décrire les merveilles végétales que renferment ses vastes jardins ainsi que ceux de la plupart des principales villas du littoral, également remarquables sous ce rapport.

Parmi les nombreux Eucalyptus que possède la belle villa des Cocotiers, que nous avons eu déjà l'occasion de citer, nous avons particulièrement remarqué un bel exemplaire d'une espèce curieuse d'Eucalyptus au feuillage variable et appelée pour cette raison *E. decipiens*.

On rencontre aussi de nombreux Eucalyptus dans presque tous les jardins situés aux environs de Nice et de Menton. Près de cette dernière ville, à la Mortola, se trouvent les beaux jardins dans lesquels un savant botaniste anglais, M. Hanbury, a réuni des collections nombreuses de belles plantes exotiques. Ils renferment une soixantaine d'espèces d'Eucalyptus, dont la plupart en exemplaires déjà forts, fleurissant et fructifiant tous les ans.

Mais la villa Thuret près d'Antibes est par excellence le quartier-général des Eucalyptus. Grâce à sa persévérance, M. Naudin a contribué plus que personne en Europe à propager la culture de ces arbres précieux ; dans les riches collections botaniques

[1] *Les Eucalyptus géants de l'Australie*, par Charles Joly, vice-président de la Société nationale d'Horticulture de France, 1 brochure 19 pag. avec 6 planches intercalées dans le texte. Paris, 1885.

de cette villa, il en a réuni un nombre déjà fort considérable. Cette collection est si nombreuse qu'elle représente d'une manière aussi complète que possible toutes les espèces introduites en Europe depuis le commencement de ce siècle. On pourrait ajouter, sans exagération, qu'elle représente également la plus grande partie de celles que possèdent l'Australie et la Tasmanie; nous les avons énumérées, quoique incomplètement, quand nous avons essayé de décrire l'aire géographique de l'indigénat des Eucalyptus. Bon nombre de ces espèces ne se trouvent encore que là; elles y sont en expérimentation, et M. Naudin, qui ne les perd pas de vue, les observe attentivement au fur et à mesure de leur développement. Il étudie avec soin, dès qu'elles se produisent, la floraison et la fructification des divers sujets pour décrire et faire connaître chaque espèce nouvelle, sous le double rapport de sa rusticité dans la culture et des qualités ornementales ou forestières qu'elle peut présenter.

C'est ainsi que M. Naudin a pu dans son Mémoire eucalyptographique décrire déjà, en les déterminant exactement, trente et une espèces qui sont maintenant plus ou moins répandues dans la culture ; il a fait connaître les diverses propriétés caractérisant chacune d'elles et pouvant en faire apprécier le mérite.

Nous n'essayerons pas de donner ici la liste complète des espèces fort nombreuses d'Eucalyptus que possèdent les beaux jardins de la villa Thuret ; nous nous bornerons à citer celles qui nous ont le plus frappé dans notre trop rapide promenade à travers les riches collections de végétaux exotiques dont ces jardins sont remplis.

Ce sera d'abord l'*E. alpina* du Mont Williams près Melbourne, dont les forêts, par suite de leur proximité de cette importante cité, ont été dévastées par les colons, qui les ont presque entièrement fait disparaître ; puis l'*E. Gunnii*, belle espèce déjà assez répandue et que nous avons trouvée aussi à Saint-Mandrier, à Toulon, à Hyères, et dans beaucoup de jardins de la Provence ; l'*E. Risdoni*, qui s'est montré rustique dans tous les jardins du littoral, ce qui n'est pas surprenant puisqu'il habite à l'état indigène les parties les plus froides de la Tasmanie ; l'*E. calophylla*, que nous avons déjà signalé ; l'*E. megacarpa*, espèce originaire des hautes montagnes de l'Australie méridionale et dont la croissance est assez lente ; l'*E. rudis* de l'Australie occidentale, qui a déjà fleuri et fructifié et dont il existe de grands échantillons dans les jardins, à Toulon, Cannes, Nice, etc. ; l'*E. coccifera*, curieuse espèce alpestre que nous avons trouvée aussi chez M. le comte d'Epremesnil dans le jardin de sa belle villa des Cocotiers, et qui résiste en Angleterre, ainsi que nous le verrons plus tard ; l'*E. corynocalyx* de l'Australie méridionale, dont on voit un très fort échantillon chez M. Mazel ; l'*E. gomphocephala*, grand arbre caractérisé surtout par la forme de ses opercules très élargis ; l'*E. botryoïdes* au large feuillage et très variable de forme, dont on connaît une variété à rameaux pendants désignée sous le nom d'*E. Smithiana* ; enfin l'*E. cosmophylla*, dont les feuilles affectent la forme de celles de l'Amandier, ainsi qu'une non moins belle espèce dénommée provisoirement *E. denticulata*, dont le feuillage rappelle celui du Myrte de nos bois.

Ces deux dernières espèces, ainsi qu'une autre à feuilles très larges, portant provisoirement le nom d'*E. spectabilis*, sont encore peu connues. Il en est de même des *E. quadrilata*, *stricta*, *desertorum*, et surtout de l'*E. maculata*, belle plante au feuillage très large ; toutes ces espèces paraissent très bien prospérer, quoique encore jeunes. On peut en dire autant de l'*E. ficifolia* de l'Australie occidentale, qui s'est montré malheureusement frileux même à la villa Thuret, mais se montre vigoureux en sujet déjà grand dans le jardin Latil, appartenant à M. Henry de Vilmorin au Golfe-Jouan ; nous avons déjà dit [1] combien cette espèce est ornementale par ses grandes et belles fleurs orangées. Par contre, l'une des plus belles espèces, l'*E. microtheca*, remarquable par son écorce violette et ses belles et larges feuilles glaucescentes, s'est montré résistant, quoique originaire des contrées les plus chaudes de l'Australie.

[1] Voir pag. 83.

On peut admirer à la villa Thuret plusieurs magnifiques *E. viminalis* atteignant 25 mèt. de haut sur 2 mèt. de circonférence. Les caractères distinctifs de cette espèce, ainsi que ceux de l'*E. amygdalina*, ont été étudiés avec soin par M. Naudin, qui a fait cesser la confusion régnant depuis longtemps dans les descriptions des différents auteurs. Ces deux espèces se sont montrées, ainsi qu'un certain nombre d'autres, assez difficiles sur la nature du sol et ne prospèrent réellement bien que dans les terrains granitiques.

M. Naudin est aussi d'avis qu'il convient de rapporter à l'*E. viminalis* une plante connue sous le nom d'*E. amygdalina vera* et que le prince P. Troubetskoy a contribué beaucoup à propager avec juste raison; elle est en effet très résistante au froid, puisqu'elle a supporté quarante hivers consécutifs près d'Édimbourg en Écosse[1], c'est-à-dire sous le 56e degré de latitude Nord. Nous aurons occasion d'en reparler en décrivant les magnifiques exemplaires de cette espèce qui ornent la belle villa Ada sur le bord du lac Majeur.

La collection de la villa Thuret contient encore un bel exemplaire d'une espèce fort curieuse, l'*E. cinerea*, qui fleurit et fructifie depuis déjà quelques années ; elle est ainsi nommée pour la couleur cendrée de ses feuilles qui sont toujours opposées et sessiles ; elle est non moins remarquable par ses fleurs en panicules blanches. Cette espèce présente ce caractère singulier d'avoir son écorce subéreuse à la manière du chêne-liège, et aurait pu, par cette raison, être désignée sous le nom d'*E. suberosa*.

Nous devons aussi une mention spéciale à l'*E. resinifera*, espèce vraie de Müller, remarquable par ses belles et larges feuilles aux nervures très divergentes de la nervure médiane et presque parallèles entre elles. C'est un fort bel arbre, absolu-

[1] D'après le *Gardener's Chronicle* du 16 janvier 1886, cet arbre, dont Bentham avait signalé l'existence, serait au contraire un *E. Gunnii*. Nous ne pouvons vérifier l'exactitude de cette détermination, l'arbre ne nous étant connu que par les récits des journaux anglais.

ment différent de l'espèce répandue partout sous le même nom d'*E. resinifera*, et qui n'est autre chose qu'une des nombreuses variétés de l'*E. rostrata*. Cet arbre est probablement l'unique individu de son genre autant en Europe qu'en Algérie.

Enfin, M. Naudin a décrit récemment[1] sous le nom d'*E. Mülleri* Ndn, une espèce nouvelle qui fleurit et fructifie cette année pour la première fois ; il l'a dédiée à M. le baron Ferdinand Müller, directeur du Jardin botanique de Melbourne, et il était en effet de toute justice que cet infatigable explorateur de l'Australie eût enfin une espèce qui portât son nom, alors que nous lui sommes redevables de l'introduction en Europe de la presque totalité des Eucalyptus australiens. L'arbre unique de cette nouvelle espèce se trouve dans l'arboretum de la villa Thuret, où il était étiqueté provisoirement *E. ambigens*. Sa croissance a été excessivement rapide : à peine âgé de 7 ans, il mesure déjà 17 m. de hauteur sur $0^{m},90$ c. de circonférence à un mètre du sol. Un second individu de cette espèce existe encore à Villefranche-sur-Mer, dans le jardin de M. le Dr Jeannel, qui l'a reçu de la villa Thuret.

2° Roussillon.

Quoique sous une latitude plus méridionale, la région des Pyrénées-Orientales est cependant moins bien partagée que la Provence pour la culture des Eucalyptus. En 1875, la Compagnie des chemins de fer du Midi a fait planter un certain nombre de ces arbres dans toutes ses gares, depuis la frontière jusqu'à Narbonne et même au delà. La plupart n'ont pu résister aux froids souvent rigoureux qu'ils ont eu à supporter, surtout dans la partie comprise entre Rivesaltes et Béziers. Cependant on en rencontre encore quelques-uns qui ont néanmoins survécu, mais seulement dans des endroits abrités par de hautes constructions.

On peut s'étonner jusqu'à un certain point de cet insuccès, attendu que depuis l'hiver si rigoureux de 1870-71, les froids

[1] *Revue horticole*, 1er septembre 1885, pag. 406.

n'ont pas eu, à beaucoup près, la même intensité. Dans ces essais, c'est presque toujours l'*E. Globulus* qui a été employé, et il serait à désirer qu'on essayât d'autres espèces moins frileuses, surtout dans la partie de cette région où la fièvre paludéenne exerce souvent ses ravages.

La latitude plus méridionale de la contrée située entre Rivesaltes et la frontière d'Espagne assure aux Eucalyptus une résistance plus grande. On en a planté beaucoup, surtout des *E. Globulus* et *rostrata*, dans les jardins des environs de Perpignan, ainsi que dans les localités avoisinantes ; mais ces arbres, exposés aux vents violents qui règnent souvent dans ces parages, sont fréquemment renversés ou cassés, et cet inconvénient a beaucoup nui à leur propagation. Le climat de toute la région roussillonnaise serait très doux sans la violence des vents du nord-ouest et du nord-est, tous deux très froids en hiver ; les plaines et même quelques-unes des vallées des Albères y sont beaucoup trop exposées, n'étant protégées par aucun relief du terrain. Sous ce rapport, les meilleurs endroits du Roussillon sont loin de valoir la Basse-Provence. C'est ainsi qu'au nord de Perpignan, les *E. Globulus* sont souvent maltraités par le froid : tel est le cas, par exemple, de ceux du jardin Passama à Rivesaltes, et surtout de ceux qu'on a plantés aux environs de Narbonne.

On pourrait atténuer les mauvais effets du vent, soit en choisissant d'autres espèces plus buissonnantes, soit en pratiquant des pincements, comme nous l'avons indiqué précédemment.

A Collioure, surtout dans les jardins abrités du vent du nord, les hivers, d'une manière générale, ne sont guère rigoureux. Nous avons vu avec quelque étonnement, dans le petit jardin d'acclimatation qu'y avait créé M. Naudin, des Orangers de très grande dimension, plus élevés que ceux de la Provence et qui résistaient depuis de longues années, tout en fructifiant abondamment. Par l'effet de sa latitude un peu plus méridionale et surtout des abris naturels qu'on y rencontre, cette petite partie du Roussillon est déjà sensiblement moins froide que la plaine de Perpignan. Ces abris résultent des contreforts les plus orientaux de la chaîne des Pyrénées, entre lesquels se trouvent des vallées assez bien défendues contre les vents froids et se dirigeant vers le Sud ou le Sud-Est; elles fournissent des expositions qui permettraient de cultiver des arbres exotiques presque aussi bien que sur le littoral de la Provence, sans la pauvreté du sol, excessivement rocailleux, et la sécheresse de l'été, beaucoup plus forte et plus prolongée. Sans ce double inconvénient, on aurait là un avant-goût de ce qu'on peut obtenir plus loin dans les jardins de Barcelone ou de Valence, et surtout dans les riches cultures d'Orangers et de Dattiers si admirées par les visiteurs de la fertile plaine d'Elche, véritable oasis créée par les Maures et qui s'est conservée jusqu'à ce jour.

3° Région de Montpellier.

Toute la partie du littoral comprise entre Rivesaltes au Sud et Marseille à l'Est, c'est-à-dire enfermée entre les deux régions qui précèdent, est, d'une manière générale, peu favorable à la culture des Eucalyptus. Nous allons voir pourtant qu'on les y a souvent essayés depuis déjà fort longtemps, sans se laisser rebuter par de fréquents insuccès.

La presque totalité des espèces d'Eucalyptus expérimentées jusqu'à présent n'a pu longtemps résister à nos hivers, ordinairement très doux, comme on le sait, mais souvent rigoureux et quelquefois même trop rigoureux pour ce genre de plantes. A Montpellier, en effet, les froids sont généralement de courte durée ; il est extrêmement rare que le thermomètre reste pendant vingt-quatre heures au-dessous de zéro, mais une seule nuit suffit souvent pour anéantir les espérances qu'une série d'hivers relativement doux avait fait concevoir. On peut dire d'une manière générale que, si l'on enlevait de la plupart de nos hivers une moyenne de cinq à six nuits trop froides, non seulement tous les Eucalyptus résisteraient, mais nous pourrions aussi conserver les Orangers et une foule de plantes qui ornent les villas du littoral de la Provence, si privilégiée sous ce rapport.

Pendant la période comprenant les dix ou douze dernières années, l'hiver de 1879-80 a été le seul qu'on puisse considérer comme réellement rigoureux ; encore l'a-t-il été beaucoup moins que ceux de 1870-71, de 1863-64 et surtout de 1854-55, qui occasionnèrent de bien plus grands dégâts dans nos jardins. Aussi de nombreux Eucalyptus appartenant aux espèces peu frileuses et plantés pendant cette période ont-ils généralement résisté jusqu'à présent. Beaucoup ont été plus ou moins maltraités par les froids de décembre 1879, mais la plupart ont vigoureusement repoussé et ont considérablement grandi depuis cette époque. C'est ainsi que dans la belle propriété de Grammont, près Montpellier, qui appartenait à feu le célèbre professeur Bouisson, se trouvent des *E. Globulus* déjà fort grands qui commencent à fleurir. Il en est de même dans beaucoup de jardins disséminés dans les environs de Rivesaltes, Narbonne, Béziers, Cette, Montpellier et de la plupart des autres localités de cette région. On y rencontre non seulement des *E. Globulus*, mais encore des spécimens déjà assez forts d'un certain nombre d'autres espèces.

Un ami de l'horticulture méridionale, Léon de Lunaret, dont on déplore la perte encore récente, avait planté quelques Eucalyptus dans sa belle propriété de Rieucoulon, près Montpellier. Ces arbres ont grandi rapidement, et l'un d'eux, l'*E. Globulus*, a déjà fleuri.

Dans une visite que cet amateur distingué de plantes venait de faire à la belle villa Ada, sur les bords du lac Majeur, il avait admiré le splendide échantillon d'*E. amygdalina vera* qui en fait l'ornement. Sur les recommandations du prince Troubetskoy, il voulut essayer la culture de cet arbre relativement résistant ; mais les jeunes sujets de cette belle espèce furent gelés en décembre 1879 par un froid de 11 degrés au-dessous de zéro ; pourtant cette rigoureuse température était supportée sans encombre par un sujet d'*E. coriacea* planté tout à côté. D'autres pieds d'*E. amygdalina vera* plantés à la même époque à l'École d'Agriculture et dans notre arboretum de Lattes subirent aussi le même sort ; ces jeunes sujets avaient été donnés par M. de Lunaret, qui les tenait également du prince P. Troubetskoy.

Il est peut-être bon de dire ici, à l'acquit de l'*E. amygdalina vera*, que cette espèce ne paraissait pas se plaire dans nos terrains, où le calcaire domine ; les jeunes sujets jaunissaient et se trouvaient, par suite, dans de fâcheuses conditions pour résister aussi efficacement au froid que s'ils eussent été vigoureux et bien portants. Nous essayerons plus loin de développer les raisons qui permettent d'expliquer cette circonstance.

Le beau jardin de Montsauve près Anduze est placé dans une situation climatérique tout exceptionnelle et que nous avons déjà signalée[1]. Son propriétaire, M. G. Mazel, a essayé d'y cultiver des Eucalyptus qui ont grandi rapidement. Quelques-uns, ceux surtout qui sont étiquetés *E. amygdalina* et *E. coccifera*, mesurent actuellement plus de 15 mètres de haut et environ un mètre de circonférence. Ces arbres avaient pourtant été atteints par le froid de décembre 1879, et durent être recepés à 2 et 3 mètres de hauteur. Le premier est actuellement en fleur (septembre 1886) et les fruits du second permettent de le rapporter à l'*E. urnigera*.

Plusieurs espèces d'Eucalyptus ont été essayées aussi à l'École d'Agriculture de la Gaillarde près Montpellier. Des sujets appartenant aux variétés de l'*E. rostrata* s'y sont développés rapidement; des *E. urnigera* ont résisté, en décembre 1879, à la température relativement rigoureuse de 13 degrés au-dessous de zéro. Le plus grand sujet de cette dernière espèce mesure déjà 10 mètres de hauteur, et il a fleuri pour la première fois en décembre 1885.

Dans notre arboretum de Lattes près Montpellier, le nombre des espèces d'Eucalyptus essayées depuis vingt-cinq ans se rapproche déjà de 70. Malheureusement, dans la plaine de Lattes les froids sont sensiblement plus rigoureux que dans les environs immédiats de Montpellier, et leurs effets, même à température

[1] *Le lac Majeur et les îles Borromée*, pag. 48 à 50.

égale, sont généralement beaucoup plus funestes. Cela tient, croyons-nous, à plusieurs causes que nous avons ailleurs[1] essayé d'expliquer et que nous rappellerons prochainement dans le chapitre qui traitera de la climatologie comparée des régions dans lesquelles prospère l'Eucalyptus, soit à l'état indigène, soit à l'état cultivé. Cette circonstance a été un obstacle insurmontable à la conservation de plusieurs espèces d'Eucalyptus qui auraient pu résister sans cela. Alors, par exemple, que l'*E. urnigera* résistait absolument à l'École d'Agriculture, les sujets de cette même espèce plantés à Lattes étaient assez gravement atteints par le froid, et il en était de même de beaucoup d'autres espèces plus sensibles ici que partout ailleurs.

Il existait pourtant à Lattes un pied d'Eucalyptus planté en 1864 et qui avait supporté 18 degrés au-dessous de zéro sans souffrir aucunement, pendant le rigoureux hiver de 1870-71. Auprès de lui, comme terme de comparaison, les Bibassiers, les Lauriers-tin, les Buis de Mahon, les Fusains du Japon ainsi que beaucoup d'autres plantes, gelèrent jusqu'au niveau du sol, et il fallut les receper. Ce sujet s'était trouvé mêlé par hasard dans un semis d'*E. Risdoni* dont les graines étaient d'importation australienne. Quoique l'arbre eût atteint 12 mèt. de hauteur, il était néanmoins peu vigoureux et n'avait jamais fleuri ; il finit même par dépérir sans qu'il eût été possible d'en déterminer l'espèce.

Actuellement, les plus forts échantillons qui aient résisté à Lattes appartiennent à plusieurs formes ou variétés de l'*E. rostrata*, et surtout à l'une d'elles connue sous le nom impropre d'*E. resinifera*. Nous avons vu cette espèce cultivée sous ce même nom dans les immenses plantations de Saint-Paul-Trois-Fontaines, près de Rome, où on la préfère aujourd'hui à l'*E. Globulus* comme étant plus rustique et surtout plus résistante à la violence du vent. L'arbre qui se trouve à Lattes n'a aucunement souffert du froid en décembre 1879 et son tronc mesure un mètre de circonférence ; déjà fort grand, il fleurit et fructifie

[1] *Le lac Majeur et les îles Borromée*, pag. 41 à 44.

chaque année. Néanmoins ses boutons, qui se montrent une année à l'avance, sont quelquefois gelés en hiver, et une bonne moitié ne s'épanouit pas quand vient le moment de la floraison, alors qu'un autre arbre de cette même espèce qui se trouve dans un jardin peu éloigné de Montpellier et où il fait moins froid, voit s'épanouir toutes ses fleurs, excessivement nombreuses, pendant les mois de juillet et d'août de chaque année.

L'*E. alpina*, quoique essayé à plusieurs reprises et à diverses expositions, n'a jamais pu se conserver, le terrain ne lui convenant pas. Quant à l'*E. citriodora*, aussi curieux qu'intéressant, il a gelé par des froids insignifiants.

Les *E. coccifera*, *coriacea*, *fissilis*, *goniocalyx*, *Gunnii*, *Risdoni*, *Lehmanni*, *melliodora*, *populifolia*, *viminalis*, etc., etc., commencent aussi à se développer et résisteraient probablement tous si nous avions encore une série d'hivers aussi doux que les cinq derniers.

Quelques-unes de ces espèces avaient été déjà essayées sans succès, et pour certaines autres, les *E. coccifera* et *coriacea* surtout, nous sommes amené à présumer que nous ne devions pas avoir eu en mains les espèces vraies. On le conçoit facilement quand on se rappelle, comme nous l'avons déjà expliqué, combien était grande la confusion qui régnait jusqu'ici dans la nomenclature de ces arbres. Aussi ne faut-il accepter qu'avec une certaine réserve les noms des espèces signalées comme se trouvant un peu partout sur le littoral.

Au Jardin botanique de Montpellier, plusieurs espèces d'Eucalyptus ont été aussi expérimentées ; il en est de même dans un assez grand nombre de parcs et de jardins des environs de cette ville, et d'une manière générale dans toute la région que nous examinons en ce moment. Au château de Flaugergues, chez M. le baron de Seizieu, quelques forts pieds d'*E. rostrata* résistent depuis sept ou huit hivers. Chez M. Jules Leenhardt, à Verchant, non loin de Montpellier, il existe un exemplaire déjà fort de l'une des nombreuses formes de l'*E. rostrata* ; M. Planchon en a annoncé la première floraison [1] en juillet 1884.

Enfin on peut voir au Polygone du génie la plantation d'Eucalyptus la plus importante des environs de Montpellier ; M. le capitaine Guery a fait connaître [2] les effets produits par le froid de l'hiver 1879-80 sur les nombreux pieds de cette plantation, dont la plupart ont résisté jusqu'ici, en continuant tous les ans à fleurir et même à fructifier. Il existe sur ce point 121 pieds d'Eucalyptus appartenant pour la plupart aux diverses formes du groupe désigné sous le nom de Red-Gum (*Eucalyptus rostrata*). Ces arbres ont rapidement grandi, et beaucoup, dès l'automne de 1879, ne mesuraient pas moins de 7 à 8 mèt. de hauteur sur 40 à 60 centim. de circonférence à 40 centimèt. au-dessus du sol. Quelques-uns ont fleuri et même fructifié dans cette station intéressante, qui n'est pourtant pas très abritée, car elle est assez éloignée de la Citadelle, qui la sépare de la ville de Montpellier.

Fort éprouvés par les froids rigoureux du mois de décembre 1879, un assez grand nombre des Eucalyptus du Polygone perdirent une partie de leur tige. Il fallut rabattre le tronc de la plupart de ces arbres à 1, 2 ou 3 mèt. de hauteur ; quelques-uns même furent gelés jusqu'au niveau du sol et durent être recepés entièrement. Presque tous ces Eucalyptus se sont admirablement reconstitués ; la plupart atteignent aujourd'hui de 10 à 12 mèt. de hauteur sur 1 mèt. à 1m,25 de circonférence, et depuis trois ou quatre ans ils ont recommencé à fleurir et à fructifier avec abondance. En examinant attentivement les variations très importantes que présentent les feuilles de ces arbres, il est facile de distinguer dix à douze formes ou variétés sensiblement différentes les unes des autres. Le port de l'arbre et la forme du feuillage changent suffisamment dans chacune de ces variétés pour qu'on puisse les reconnaître à 20 ou 25 mèt. de distance. Il en est trois

[1] *Annales de la Société d'Horticulture et d'Histoire naturelle de l'Hérault*, 1884, pag. 76.

[2] *Annales de la Société d'Horticulture et d'Histoire naturelle de l'Hérault*, 1880, pag. 150.

qui sont plus particulièrement remarquables : l'une par ses rameaux pendants, l'autre par ses feuilles très étroites, et enfin une troisième par ses feuilles très longues et très larges. Chez toutes cependant, l'inflorescence et la fructification paraissent se rapporter aux caractères particuliers à l'*E. rostrata* tels que les a indiqués M. Naudin. Cela nous montre combien cette espèce est variable, car, si l'on n'en jugeait que par le port et le feuillage, qui diffèrent beaucoup d'un arbre à l'autre, on serait tenté de croire qu'on est en présence de plusieurs espèces différentes.

Les nombreuses expériences tentées jusqu'à présent dans notre région sur la culture des Eucalyptus, démontrent que les espèces de cet arbre sont généralement trop frileuses et qu'un certain nombre ne pourra pas s'accommoder des terrains dans lesquels nous les avons essayées. Elles supportent assez facilement toute une série d'hivers doux, comme il s'en rencontre souvent; mais, quand il survient un hiver rigoureux, ses effets sont désastreux et l'expérience est à recommencer. Bien heureux doit-on s'estimer si les sujets de quelques espèces plus robustes que les autres ne gèlent qu'en partie ou même ne sont atteints que jusqu'au niveau du sol ; il faut alors les recouper, et souvent ces arbres repoussent avec vigueur l'année suivante. Mais quand les recepages se renouvellent trop fréquemment, comme c'est le cas, par exemple, pour quelques-uns des Eucalyptus de l'arboretum de Lattes qui ont été rabattus plus ou moins complètement à cinq ou six reprises différentes, les arbres en sont très fatigués, leur sève circule difficilement, ils ne tardent pas à jaunir et finissent quelquefois même par dépérir complètement.

Il est pourtant un point de la région de Montpellier où l'on pourrait essayer avec succès la culture des Eucalyptus. A Roquebrun, localité située à 24 kilom. N-O de Béziers, il existe, comme nous l'avons signalé [1], des Orangers déjà grands qui résistent depuis fort longtemps et fructifient abondamment[2]. Il n'y a au-

[1] *Le lac Majeur et les îles Borromée*, 1883, pag. 55.

[2] *Annales de la Société d'Horticulture et d'Histoire Naturelle de l'Hérault*, 1886, pag. 24 et 27.

cun doute que les Eucalyptus résisteraient tout aussi bien dans cette même localité, fort abritée et malheureusement trop circonscrite.

4° Corse.

De même que sur la côte italienne, qui lui fait face, les parties basses et marécageuses de la Corse sont exposées à la fièvre paludéenne. Aussi l'un de ses habitants les plus dévoués, feu le Dr Régulus Carlotti (d'Ajaccio), qui s'intéressait constamment à tout ce qui touche l'avenir de l'Ile, avait-il eu l'idée d'y essayer la culture des Eucalyptus. Une fois bien convaincu des avantages que présente cet arbre, il s'était mis courageusement à l'œuvre, et le succès a répondu à ses efforts persévérants. Aujourd'hui les plages basses de la Corse, se transformant en marais pendant l'hiver et se desséchant par l'évaporation très active pendant les mois d'été, seront bientôt entièrement couvertes de forêts d'Eucalyptus. M. Carlotti espérait que ces arbres exerceraient une influence salutaire sur le climat malsain de cette région, en neutralisant les redoutables effluves paludéens qui ont jusqu'à présent entravé le développement de l'agriculture dans le voisinage des terrains de cette nature.

D'après M. Laburthe, directeur du pénitencier agricole de Chiavari, les premières plantations d'Eucalyptus dans l'île de Corse ont été effectuées vers 1854 à la pépinière départementale d'Ajaccio et en 1857 au pénitencier de Castellucio. Vers la même époque, il s'en est planté aussi à Campo-di-horo et à Castelvecchio. Mais c'est surtout à partir de 1865 qu'il s'en est fait des plantations, alors plus importantes, à Chiavari et à Casabianca, à la Solenzara, au Migliaccaro, à la Penta-di-Casinca, aux alentours d'Aleria, de Bastia, de Saint-Florent, d'Oletta, etc., toujours dans le but d'assainir les plaines marécageuses qui existent dans ces diverses localités. Le littoral de la partie orientale de l'Ile qui regarde l'Italie a la réputation d'être tout particulièrement insalubre. Dans cette région, au pénitencier de Casabianca, il se trouve déjà des plantations assez importantes d'*E*.

Globulus qui ont admirablement prospéré. La hauteur moyenne des arbres de 8 ans dépasse 18 mèt. sur 1^{m}, 40 de circonférence à 1 mèt. au-dessus du sol. C'est un résultat fort remarquable qui rappelle le rapide accroissement de ces arbres sur les points les mieux partagés du littoral de la Provence.

5° Algérie.

Nous avons la conviction que l'Eucalyptus est destiné à jouer un grand rôle dans l'avenir de notre vaste colonie africaine. Autrefois, toute l'immense région comprise entre la Mauritanie Tingitane et la Tripolitaine était très boisée. Les auteurs anciens rapportent que depuis la Tingis des Romains, aujourd'hui Tanger, à l'Ouest, jusqu'à Carthage et même jusqu'à l'ancienne Œa, aujourd'hui Tripoli, à l'Est, l'ombre était partout épaisse et continue. C'est peut-être encore vrai pour quelques parties de cette région ; mais tous ceux qui connaissent notre Algérie d'aujourd'hui peuvent facilement se rendre compte que, d'une manière générale, les choses sont bien changées depuis cette époque. La situation actuelle de l'ensemble du pays est fort loin d'être la même, et au lieu de cette ombre protectrice s'étendant sans interruption d'une extrémité à l'autre de la colonie, on ne voit que trop fréquemment aujourd'hui de vastes espaces complètement dénués de toute végétation arborescente.

Le déboisement a produit, là comme partout ailleurs, ses funestes effets, et accompli rapidement son œuvre de destruction. Il sera maintenant très difficile de reconstituer ce qu'on a laissé anéantir avec une aussi coupable indifférence. Mais si, par des reboisements faits avec intelligence, l'on arrive à obtenir quelque résultat satisfaisant, l'Eucalyptus sera certainement l'une des essences qui permettront de reconstituer les forêts disparues ; ce sera même sans aucun doute celle qui nous rendra le plus de services sous ce rapport.

C'est dans le beau jardin du Hamma près Alger, si riche en belles espèces d'arbres et toujours intéressant quoique aujourd'hui un peu délaissé, qu'ont été faits probablement les premiers essais de la culture des Eucalyptus en Algérie. L'une des espèces, l'*E. diversifolia*, s'y trouvait déjà en 1852 [1], et il est probable qu'elle n'était pas la seule. Peu après, et grâce aux efforts du docteur aujourd'hui baron Ferdinand von Müller, qui avait publié à cet effet une brochure intéressante [2], grâce surtout à ses nombreux envois de graines, les Eucalyptus ne tardèrent pas à se répandre en Algérie. Ramel, son associé, contribua beaucoup par ses écrits à faire connaître les propriétés de cette précieuse essence forestière, et à partir de 1862 il fut l'un des plus actifs distributeurs des graines que lui envoyait M. F. Müller.

M. Ferdinand Barrot avait fait planter, en 1865, plusieurs milliers de jeunes sujets d'Eucalyptus dans l'ancien domaine de Salluste qu'il possède près de Philippeville. Ces arbres se développèrent merveilleusement, et après six années de plantation ils ne mesuraient pas moins de 15 à 18 mèt. de haut sur 1 mèt. à $1^m,10$ de circonférence.

M. Trottier avait établi en 1867, dans sa belle propriété d'Hussein-Dey près Alger, une petite forêt d'Eucalyptus qu'il commençait à exploiter déjà en 1875, c'est-à-dire huit ans après.

En 1869, le gouvernement fit planter sur les bords du lac Fezzara, non loin de Constantine, un grand nombre d'Eucalyptus qui acquirent rapidement de grandes dimensions.

Les premiers essais, ayant donné d'excellents résultats, encouragaient les expérimentateurs, et les plantations d'Eucalyptus prirent bien vite un accroissement considérable. Le génie militaire, la Société générale algérienne, les Compagnies de chemin de fer, l'Administration des ponts et chaussées, en firent, sur de nombreux points du territoire, des cultures importantes. On commença bientôt à en planter autour des nouveaux centres de population que la fièvre décimait, puis au bord des routes et le long des voies ferrées. La plupart des colons voulurent avoir des

[1] Ch. Naudin ; *Revue horticole*. 1853, pag. 152.

[2] *Mémoire sur le boisement de l'Algérie*, par le Dr Müller, directeur du Jardin botanique de Melbourne.

rideaux d'Eucalyptus pour les protéger contre la violence des ouragans et surtout pour arrêter les vents venant de la plaine, qui apportaient avec eux les miasmes paludéens.

Fig. 1. — Eucalyptus globulus, planté en 1867, et mesurant actuellement plus de 30 mètres de haut sur 1m, 25 de diamètre. Chez M. Dognin, villa Amélie près de Cannes (voir pag. 109).

Dans son vaste jardin près la Maison Carrée, M. Cordier, agronome distingué et amateur d'horticulture, a réuni une nombreuse collection de végétaux australiens, parmi lesquels se trouvaient déjà en 1878 [1] « 120 espèces différentes d'Eucalyptus offrant les types les plus curieux et les plus tranchés, représentés chacun par plusieurs beaux et vigoureux échantillons ». Cette collection très remarquable a fourni de nombreux sujets d'étude, et c'est bien certainement la plus importante réunion d'espèces différentes qui existe actuellement sur le territoire algérien ; elle a dû probablement s'enrichir encore de la plupart des espèces introduites d'Australie depuis cette époque, et forme ainsi, de l'autre côté de la Méditerranée, le digne pendant de la riche collection, encore plus nombreuse en espèces, que possède actuellement la villa Thuret près Antibes.

Parmi les plus belles espèces que renferme la collection de M. Cordier, nous nous bornerons à citer surtout les *E. Abergiana, botryoïdes, cinerea, cornuta, diversifolia, diversicolor, erythrocorys, Gunnii, leucoxylon, longifolia, megacarpa, obcordata, occidentalis, Preissiana, Risdoni, rostrata, rudis, tereticornis, tetraptera*, etc., etc.

Plusieurs de ces espèces, encore rares et peu répandues, sont représentées dans cette collection, où elles ont fleuri pour la première fois, par les plus forts échantillons qui existent encore dans les cultures. Tels sont par exemple les *E. cinerea, erythrocorys, megacarpa, obcordata, Preissiana et tetraptera*, qui, à l'exception de la villa Thuret, ne se rencontrent guère dans les jardins d'Europe.

La collection de M. Cordier comprend aussi quelques espèces d'Eucalyptus originaires d'autres contrées que l'Australie. Ce sont surtout les *E. alba, Decaisneana, leucadendron, Moluccana, tectifica* et *platyphylla*, originaires de l'île de Timor, des archipels de la Sonde, de la mer de Java, des Moluques, etc.

Quelques-unes des espèces énumérées ci-dessus se trouvent aussi dans le jardin d'essai du Hamma près Alger, dont la direction est confiée à M. Rivière depuis que ce jardin a été cédé

[1] Paul Marès ; *Histoire des progrès de l'agriculture en Algérie*. Alger, 1878.

par l'État à la Compagnie algérienne, et où l'on admire encore de magnifiques exemplaires de beaucoup d'espèces de végétaux exotiques.

M. Arlès-Dufour avait planté il y a plus de dix ans, dans sa belle propriété des Sources, la quantité considérable de[1] «20,000 Eucalyptus d'espèces diverses, disposés en brise-vent pour la protection de ses grandes terres de culture». Vers la même époque, M. Gros en avait aussi une quantité presque équivalente dans son domaine de Sainte-Marguerite près Rhilen.

A Chaouch-Moulata près Blidah, M. Jagerschmidt possédait déjà, il y a seize ou dix-huit ans, un grand nombre d'Eucalyptus qui se sont promptement développés. Grâce à l'influence bienfaisante de ces arbres, disposés en massifs compacts et formant un rideau épais, l'état sanitaire de la propriété s'est considérablement amélioré. Nous signalerons plus loin les effets vraiment remarquables sous ce rapport qui ont été souvent constatés par de nombreux observateurs. Disons seulement que chez M. Jagerschmidt, les rideaux d'Eucalyptus ont eu encore pour effet de préserver ses cultures des ravages des sauterelles; celles-ci, étant arrêtées au passage ou bien forcées de s'élever au-dessus des massifs, sont allées s'abattre plus loin que sa propriété. Il a remarqué aussi que les moustiques, dont les piqûres rendaient jusque-là le séjour de la localité presque intolérable, avaient en grande partie disparu; il y a également d'assez nombreuses observations signalant des faits analogues.

La Compagnie des chemins de fer de Bône à Guelma a fait planter des Eucalyptus dans le voisinage de ses gares et une triple rangée le long de la voie ferrée. Ces arbres s'y sont admirablement développés. Il en est de même dans le voisinage des gares et le long de la voie de la Compagnie des chemins de fer de l'Est-Algérien, ainsi que du chemin de fer de la Medjerdah en Tunisie. Il convient de citer aussi les vastes plantations de M. Nicolas dans sa belle propriété de Mondovi, ainsi que celles effectuées sur les bords du canal de la Bougimah.

[1] Paul Marès; *Histoire des progrès de l'agriculture en Algérie.* Alger, 1878.

Aujourd'hui on préfère généralement à l'*E. Globulus* plusieurs autres espèces telles que les *E. rostrata*, *colossea*, *viminalis*, *Stuartiana*, etc., parce qu'elles se montrent plus résistantes, soit à la chaleur, soit à la sécheresse, soit à la nature du sol.

Enfin il a été effectué un peu partout en Algérie, pendant ces dix dernières années surtout, des plantations considérables d'Eucalyptus. Déjà, en 1878[1], on évaluait le nombre de ces arbres plantés jusque-là dans notre colonie algérienne à près de quatre millions, et il est bien probable que ce chiffre doit avoir doublé pour le moins depuis cette époque.

6° ITALIE.

De même que ceux de France, les jardins botaniques italiens possédaient déjà, vers le commencement de ce siècle, quelques espèces d'Eucalyptus, et bientôt après les nombreux amateurs de plantes de ce pays ne tardèrent pas, eux aussi, à vouloir essayer la culture de cet arbre australien. Il leur appartenait l'honneur d'inaugurer dans la vaste péninsule italique l'expérience en plein air de la culture des Eucalyptus.

Déjà en effet, dès 1818[2], le marquis Cosimo Ridolfi avait fait planter en pleine terre et à l'air libre, dans son beau parc de Bibbiani, près de Florence, un certain nombre de jeunes sujets d'Eucalyptus, appartenant aux six espèces suivantes : *E. capitellata*, *heterophylla*, *obliqua*, *populifolia*, *resinifera* et *robusta*. De toutes ces espèces, le sujet étiqueté *E. populifolia* Desf., qu'on a reconnu plus tard être l'*E. polyanthema*, fut le seul qui put résister et il ne tarda pas à se développer avec magnificence. Les exemplaires des autres espèces furent tous plus ou moins endommagés par le froid et finirent même par dépérir complètement.

[1] Ach. Fillias ; *Notice sur les forêts de l'Algérie*. Alger, 1878.

[2] *Bulletino della R. Societa Toscana di Orticultura*, 1876, pag. 82.

Un peu plus tard, vers 1829, on cultivait aussi dans l'ancien Jardin Botanique de Naples, dirigé à cette époque par le baron Vincenzo Cesati, une espèce d'Eucalyptus sous le nom d'*E. gigantea* et qu'on a reconnu ensuite être l'*E. Globulus*. Ce jardin, situé au centre de la ville, n'existe plus aujourd'hui, et sur son emplacement se trouve maintenant le marché des comestibles de la piazza della Carita. Quoique moins ancien que celui de Caserte, dont il sera parlé plus loin, l'arbre avait acquis déjà d'assez grandes proportions et prospérait très bien dans les conditions climatériques où il était placé ; ces conditions en effet, surtout comme latitude, correspondaient assez exactement à celles des régions australiennes de la colonie de Victoria et surtout de la Tasmanie, d'où cette espèce est originaire. La latitude de Naples (40°,50′) est même plus voisine de l'Équateur que celle des environs de Hobart (42°,45′), et nous avons fait remarquer que l'*E. Globulus* peuple sur ce point des forêts considérables. Nous avons vu qu'on le trouve aussi dans plusieurs autres localités de cette île si intéressante à tous égards, dont nous avons essayé déjà de décrire rapidement les richesses végétales qu'elle renferme et la beauté du climat qui la caractérise.

Les jardins, si remarquables à tant de titres, de la belle ville de Florence, cette capitale du monde artistique et de l'horticulture italienne, possèdent bon nombre d'Eucalyptus. Les amateurs de plantes, très nombreux dans cette aristocratique cité, appelée à juste titre la ville des fleurs, ont donné le premier élan à la culture des Gommiers de l'Australie, comme ils l'avaient fait et le font encore tous les jours pour beaucoup d'autres genres de plantes intéressantes. On en remarque aujourd'hui un peu partout dans la plupart des jardins, tels que : le beau parc du prince Demidoff à San Donato, la villa du marquis Torregiani, le parc royal de Boboli, le jardin du Pellegrino appartenant au marquis Carlo Ridolfi, celui du comte della Gherardesca, celui de la villa Salviati, près de Sesto fiorentino, la promenade des Cascine, le Giardino municipale de Firenze, etc.

Le parc de Bibbiani, près de Montelupo fiorentino, appartenant au marquis Niccolo Ridolfi, le beau jardin de M. Fenzi, président de la Société royale et toscane d'horticulture, le jardin d'expériences de cette même Société, l'Orto botanico dei Semplici, dirigé par le savant professeur T. Caruel, l'Orto botanico fiorentino, les belles cultures de M. Raffaëllo Mercatelli, horticulteur distingué, et tant d'autres parcs ou jardins des environs de Florence, sont aussi excessivement remarquables sous bien des rapports. Ils nous ont montré, par les riches collections de végétaux exotiques qu'ils renferment, tout ce que peuvent produire le bon goût artistique de leurs propriétaires et la valeur scientifique de leurs directeurs, venant en aide à l'ingénieux arrangement des belles collections de plantes si habilement cultivées par les jardiniers et qu'on rencontre partout dans la grande cité florentine.

Dans la plupart de ces nombreux jardins, toujours entretenus avec soin, on a essayé en plus ou moins grande quantité la culture des Eucalyptus; ces arbres s'y sont développés rapidement presque partout. Les hivers rigoureux, comme par exemple celui de 1846-47 qui fit tant de ravages dans les jardins et les champs de la Toscane, ont opéré une sélection importante parmi les espèces d'Eucalyptus expérimentées jusqu'à cette époque. Ils nous ont indiqué quelles étaient celles qu'on pouvait impunément cultiver sous le climat généralement fort doux et tempéré, mais par exception assez rigoureux, de la belle région dont Florence est le centre et où les Lauriers (*Laurus nobilis*) eux-mêmes ont été quelquefois gravement atteints par le froid.

Cependant la latitude de Florence (43°,46′) correspond à peu de chose près à celle de la partie la plus méridionale de la Tasmanie (43°,30′), c'est-à-dire d'une région peuplée de forêts d'Eucalyptus. On voit donc que presque sous le même parallèle ces arbres vivent à l'état indigène sur les hautes montagnes tasmaniennes à 800 ou 1,000 mèt. de hauteur, c'est-à-dire dans des situations infiniment plus élevées que la ville de Florence, placée elle même à 70 mèt. à peine au-dessus du niveau de la mer. Cette différence considérable d'altitude devrait compenser très largement en faveur de la capitale de la Toscane sa latitude de 16 minutes à peine moins rapprochée de l'Équateur. Et pourtant, si l'on en juge par les résultats, les conséquences de cette situation climatérique, qui devrait être plus favorable, non seulement ne sont pas les mêmes, mais elles se manifestent d'une manière réellement désavantageuse. Nous reviendrons sur cette question intéressante quand nous examinerons la climatologie spéciale de l'indigénat et de la culture de l'Eucalyptus.

A Lucques, M. le marquis Giuseppe Garzoni cultivait déjà en 1877, dans son beau jardin de Collodi [1], quarante-huit espèces d'Eucalyptus; les sujets de chacune de ces espèces étaient plantés dans plusieurs natures de terrain et à diverses expositions afin de se rendre compte des exigences culturales de chacune d'elles. Cet amateur distingué de plantes avait envoyé à l'exposition agricole, artistique et industrielle de Lucques, le tronc d'un *E. Globulus* et un siège de jardin provenant d'un autre sujet de 7 ans qui avait été renversé par le vent. Dans son autre propriété de Campo-Romano, près de Viareggio, située aussi dans la région lucquoise, mais plus rapprochée de la mer, il avait fait, en 1878, de grandes plantations d'Eucalyptus; 99 espèces furent essayées comparativement pour en apprécier la résistance relative.

La vieille et paisible ville de Pise possède une célèbre Université dont l'antique renommée, qui nous a été transmise d'âge en âge, est rehaussée encore de nos jours par la valeur scientifique des éminents professeurs qui la dirigent. Son Jardin Botanique contient de belles collections de plantes et possède aussi quelques Eucalyptus. On en voit également un peu partout dans les environs de cette ville et dans toute la région pisane, ainsi que sur de nombreux points de la maremme toscane.

Il en est surtout de même le long de la voie ferrée descendant vers le Sud jusqu'à Civita-Vecchia et se continuant ensuite jus-

[1] *Bulletino della R. Societa Toscana di Orticultura.* Septembre 1877, pag. 277.

qu'à Rome. Autour de toutes les gares de ce long cordon littoral réputé par son insalubrité, les Eucalyptus forment aujourd'hui de véritables bosquets qui commencent à se développer. En 1884, il y en avait déjà 29,437, sur lesquels 5,198, soit environ 18 °/₀, ont déperi par diverses causes. Dans ce chiffre, les nombreuses variétés de l'*E. rostrata* figurent d'abord sous le nom d'*E. resinifera* pour 12,618 et sous ceux de *Gros-red-gum* et de *Red-gum de Teuterfield* pour un total de 9,681. Il y a donc en tout 22,299 *E. rostrata*, soit les trois quarts de l'ensemble. Les 7,138 sujets restants appartiennent dans des proportions variables à 49 autres espèces. C'est parmi ces dernières que la mortalité a été la plus considérable : alors par exemple que pour l'*E. resinifera* elle n'est que de 3 °/₀, elle dépasse 40 et 50 °/₀ pour quelques-unes et arrive même à 60, 80 °/₀ et plus pour la plupart des autres. Nous sommes redevable de ces divers renseignements à notre excellent ami M. le Comm. Siemoni, le savant directeur fondateur du beau Museo agrario de Rome, renfermant de riches collections agricoles et forestières, que nous avons visité avec le plus vif intérêt.

C'est dans cette région et non loin d'Orbetello que se trouve le Monte Argentario, dont la hauteur totale atteint 525 mèt. Il forme une petite presqu'île qui s'avance dans la mer sur la côte toscane et en face de la Corse. Nous avons eu l'occasion [1] de signaler en cet endroit une station de l'indigénat du Palmier nain (*Chamærops humilis*); elle est aujourd'hui la plus avancée vers le Nord, les derniers individus de cette espèce ayant disparu maintenant sur la plage de Beaulieu entre Nice et Menton, où on les retrouvait encore il y a quelques années à peine. C'étaient sur ce point les derniers débris de la belle végétation tropicale qui recouvrait autrefois toute cette partie de l'Europe méridionale. Le Palmier nain était là, et il est encore aujourd'hui à Monte Argentario comme une sorte de sentinelle avancée, formant un chaînon qui relie l'espèce vivante à la même espèce paléon-

[1] *Le lac Majeur et les îles Borromée*, 1883, pag. 61.

tologique. Il a été trouvé en effet à l'état fossile, d'après MM. Heer et Schimper, comme faisant partie de la flore tertiaire moyenne de l'Europe, dans les grès de la molasse inférieure miocène sur les bords du lac de Zurich.

Dans cette situation particulière et sur le versant de ce même Monte Argentario, un amateur des plus distingués, M. le général baron Vincenzo Ricasoli, a réuni [1] des collections de plantes exotiques tellement nombreuses, qu'on peut considérer sa belle propriété de Casabianca, près de Port-Ercole, comme un véritable jardin d'acclimatation. Dans un autre travail en préparation sur la Géographie botanique de la région littorale méditerranéenne et de sa Climatologie caractérisée par la végétation de chacune de ses parties, nous aurons occasion de citer longuement, en essayant de la décrire avec exactitude, la riche végétation tropicale qui fait aujourd'hui le plus bel ornement de ce coin privilégié et constitue, pour les vrais amateurs de plantes, le plus intéressant jardin d'expérience horticole de toute la péninsule italique. Nous nous bornerons pour aujourd'hui à rappeler que les jardins de Casabianca[2] possèdent actuellement 82 espèces d'Eucalyptus australiens et 104 espèces d'Acacia presque tous originaires de la Nouvelle-Hollande, ainsi qu'un grand nombre de végétaux de l'Australie et de la Tasmanie, appartenant surtout aux genres, *Albizzia*, *Araucaria*, *Baeckea*, *Beaufortia*, *Callistemon*, *Calothamnus*, *Casuarina*, *Cordyline*, *Correa*, *Corypha*, *Fabricia*, *Grevillea*, *Jambosa*, *Leptospermum*, *Melaleuca*, *Metrosideros*, *Myoporum*, *Pittosporum*, *Sterculia*, *Tecoma*, etc., etc. Aussi M. O. Penzig a-t-il pu dire sans exagération qu'une partie de ce jardin était un véritable parc australien.

Le Monte Argentario est placé sous le parallèle 42°,22', c'est-à-dire que sa latitude dans notre hémisphère correspond à peu

[1] *Otto anni di esperimento di piante al Monte Argentario. Bulletino della R. Societa Toscana di Orticultura*, 1876, pag. 108.

[2] O. Penzig ; *Il Giardino Ricasoli alla Casa Bianca* (Port Ercole) *sul Monte Argentario.* 1885.

près exactement, pour l'hémisphère austral, à celle de la partie moyenne de la Tasmanie. Cette latitude devrait donc suffire à elle seule pour expliquer la résistance sur ce point des végétaux qui vivent à l'état indigène dans l'île tasmanienne de Van Diemen. Mais la situation du Monte Argentario entouré d'eaux profondes, les expositions favorables que procurent des vallées bien abritées sur ses pentes Sud, Sud-Est, et Sud-Ouest, viennent ajouter encore d'autres avantages qui permettent de cultiver impunément à Port-Ercole une foule de plantes frileuses qui ne sauraient résister dans les plaines voisines ou dans quelques-unes des régions situées au delà vers le Sud.

Sur les 82 espèces d'Eucalyptus qui sont représentées par des échantillons de diverses formes dans les riches collections de Casabianca, nous en citerons particulièrement quelques-unes qui ne se rencontrent pas souvent partout ailleurs. Ce sont surtout les *E. Bayleriana*, *Behriana*, *Buprestium*, *Cunninghami*, *dichromophlœa*, *floribunda*, *Kirtoniana*, *leptopoda*, *macrocarpa*, *macrophylla-Ricasoliana*, *mellissiodora*, *microphylla*, *redunca*, *regnans*, *undulata*, etc. L'une d'elles, l'*E. leptopoda*, non encore décrite, a été désignée provisoirement par M. Charles Naudin sous le nom d'*E. desertorum*.

Dans ces derniers temps, on a planté beaucoup d'Eucalyptus à Rome, autant dans ses belles villas que sur les promenades, dans les squares publics et les jardins particuliers. Nous en avions vu déjà en 1874 de beaux exemplaires se développant un peu partout sur de nombreux points de la Ville Éternelle et de ses environs, dans la villa Pamphili, au Jardin Botanique, au Monte Pincio, à la Porta Maggiora, à Santa Severa, sur les hauteurs de Santa Balbina, et dans les belles villas Aldobrandini, Borghèse, Ludovisi, Mattei, ainsi que dans la plupart des autres résidences princières. Ces arbres formaient des avenues, étaient disposés en groupes ou plantés isolément dans les divers jardins qui viennent d'être énumérés, et ont beaucoup grandi depuis cette époque. On en avait planté aussi près d'un millier dans les jardins ou les cours intérieures du Vatican, et quelques-uns de ces arbres avaient acquis déjà des proportions considérables.

Les nouveaux quartiers à créer à l'ouest de Rome gagneraient probablement beaucoup comme salubrité si les terrains qui les composent, aussi nus que spacieux, percés de belles rues souvent désertes et dont quelques-uns attendront peut-être longtemps encore les constructions de l'avenir, étaient convertis dès à présent en bosquets d'Eucalyptus. On pourrait en planter aussi sur les places ou les larges avenues, qu'ils contribueraient à orner, et surtout d'une manière générale dans toute la campagne romaine située entre Rome et la mer. Toute cette région, connue plus communément sous le nom d'Agro Romano, réputée par son insalubrité et ses mauvaises conditions hygiéniques, serait assurément bien améliorée si elle était boisée en Gommiers australiens.

Au delà de Rome, en se dirigeant vers le Sud, on trouve aussi des Eucalyptus un peu partout autour de Velletri, Segni, Frosinone, Ceccano, Ceprano, Rocasecca, Aquino, Caianello, Teano, etc.; il en a été planté même jusqu'au sommet du Monte Cassino.

Naples est aussi par excellence le lieu d'élection de la culture des Eucalyptus. La plupart des espèces trouvent là les conditions climatériques dont elles jouissaient dans leur pays natal. Les jardins étagés sur les pentes de Capodimonte et du Pausilippe, ainsi que ceux de la promenade de la Chiaja, en possèdent déjà de nombreux exemplaires. Quelques-uns, comme par exemple ceux de la villa du prince Colonna, ont acquis des proportions véritablement colossales ; nous n'avons pu les mesurer, mais on nous a assuré qu'ils atteignent près de 50 mèt. de hauteur. Il en est de même au sud-est de la ville, à Portici, Torre-del-Greco, Torre-Annunziata, Pompéi, Castellamare et Sorrento jusqu'à la pointe della Campanella. Ces arbres tendent à se répandre de plus en plus dans toute l'étendue de l'immense amphithéâtre dont les gradins inférieurs sont baignés par les eaux toujours bleues du magnifique golfe napolitain.

On trouve surtout de très forts sujets d'Eucalyptus à Portici et à Pompéi, à Sorrento et à Nola, à Maddaloni et à Camello, à

Acera et à Casa-Nuova, et, d'une manière générale, un peu partout dans cette région. Ceux de Marigliano et du Jardin Botanique de Naples sont particulièrement remarquables par leurs proportions déjà gigantesques.

Mais le plus ancien de tous est bien certainement celui qui se trouve dans l'immense parc dépendant du palais royal de Caserte, qu'on a si justement appelé le Versailles de l'Italie. On est effectivement frappé par le cachet réellement majestueux de ce palais aux proportions vraiment considérables, mais peut-être plus encore par une belle perspective que l'habile architecte a très ingénieusement ménagée au point que l'illusion est aussi complète que possible. On aperçoit, à travers le palais et le parc, l'écume blanche d'une cascade qui paraît être à une distance de quelques centaines de mètres à peine, alors qu'on en est séparé par près de quatre kilomètres.

En suivant cette admirable perspective formée par une série de longues pièces d'eau bordées des deux côtés par de larges allées encadrées par des massifs d'arbres verts et se continuant par échelons successifs jusqu'à la gigantesque cascade qui alimente de ses eaux transparentes la ville de Caserte et une partie de celle de Naples, on trouve sur la droite le parc réservé, une sorte de jardin paysager adossé au Monte Briano et peuplé de végétaux de choix, parmi lesquels beaucoup d'espèces australiennes. Dans une visite que nous y avons faite au mois de mai 1886, on nous fit remarquer un gigantesque Eucalyptus qu'on assurait avoir été planté dès le commencement de ce siècle. Ce serait donc probablement, sous ce rapport, le plus ancien exemplaire de son espèce que nous posséderions en Europe. Il résulte des renseignements qui nous ont été fournis, que cet arbre, existant déjà en 1803, avait été étiqueté longtemps sous le nom de *Metrosideros*, ce qui laisserait supposer qu'il provenait peut-être d'une graine mêlée dans un semis de cet arbre, originaire aussi de l'Australie. Plus tard, quand l'erreur fut reconnue, il fut étiqueté *E. capitellata* et déterminé enfin plus exactement par M. le professeur Nicola Terracciano sous le nom d'*E. robusta* Smith.

Plus vénérable par son âge que par ses proportions, il nous a paru mesurer environ 25 mètres de hauteur et 2^{m},50 de circonférence de tronc.

Indépendamment de leur culture dans les jardins, on pourra utiliser les Eucalyptus pour boiser les îles qui forment de chaque côté l'entrée du golfe de Naples et dont l'aspect triste et dénudé produit une si pénible impression. C'est d'abord du côté Sud l'île de Capri, et ce sont ensuite du côté Sud-Ouest l'île de Procida et surtout l'ile d'Ischia, si cruellement désolée récemment par les tremblements de terre. Les versants du Vésuve et de la Somma pourraient être probablement reboisés dans quelques-unes de leurs parties par des plantations d'Eucalyptus. Il en est de même des pentes du Monte Sant-Angelo ; elles surmontent du côté de l'Est les jolis coteaux de Sorrente et dominent, en face de Pœstum, le beau golfe de Salerne, en s'étendant depuis la vallée de Nocera jusqu'au cap de Minerve. Quelques espèces de cet arbre trouveraient là des conditions climatériques analogues à celles des Alpes australiennes ou des montagnes de la Tasmanie. Le monte Sant-Angelo en effet, quoique placé dans une situation méridionale et formant promontoire entre deux baies dont les eaux sont profondes, voit souvent en hiver la neige blanchir ses sommets à 1,500 et même à 1,200 mèt. d'altitude. Aussi les curieuses cultures de Citronniers, superposées en pergoles sur la pente sud-est regardant le golfe de Salerne, au-dessus de la jolie petite ville d'Amalfi, et d'une manière générale depuis Vietri jusqu'à l'extrémité de la pointe de Campanella, ont-elles besoin d'être abritées par des branchages contre les chutes de neige, qui sont assez fréquentes dans ces parages pendant certains hivers. Néanmoins les froids n'y sont jamais bien rigoureux, et la plupart des espèces d'Eucalyptus pourraient facilement résister dans toute cette belle région que les poètes ont chantée à l'envi et qui est si intéressante à tous égards.

Un très fort pied d'Eucalyptus a résisté dans le Jardin national de Naples à la bruine salée que les Provençaux appellent *embrun* et que les Italiens désignent sous le nom de *salino*. Projetée assez loin par le vent de la mer quand celui-ci souffle avec violence, elle brûle par son contact les feuilles de beaucoup de plantes. Aussi la plupart des autres végétaux plantés tout à côté de cet Eucalyptus avaient-ils leurs feuilles grillées et ne s'accommodaient pas aussi bien que lui de cette situation peu favorable. Ce sujet n'est pas le seul, et les autres Gommiers australiens qui se trouvent dans une situation analogue présentent la même immunité particulière à quelques espèces.

Dans le reste de l'Italie méridionale, on peut, avec plus de raison encore, voir se développer dans d'excellentes conditions la plupart des espèces d'Eucalyptus. On en a réussi la culture à Reggio de Calabre, dans les nombreuses localités du littoral de la Méditerranée et dans celles de l'Adriatique, qui sont le plus souvent placées sous l'influence des miasmes paludéens. Il en est de même dans l'île de Sardaigne et surtout en Sicile, dans les belles villas qui se trouvent disséminées autour de Palerme, Messine, Catane, Syracuse et de ses autres principales villes.

Au nord de Pise et particulièrement sur le versant septentrional de l'Apennin, on voit peu d'Eucalyptus, si ce n'est dans la zone du littoral de la mer. Au fur et à mesure qu'on remonte vers la Spezia et Gênes, la côte est de plus en plus abritée par une chaîne de montagnes assez élevées, formant la suite des monts Pisans et se rapprochant tout à fait de la mer un peu avant les célèbres carrières de marbre de Carrare. A partir de ce point, les montagnes descendent en pente de plus en plus raide jusque sur le bord même de l'eau ; elles deviennent bientôt tout à fait escarpées, et leur grande hauteur préserve le littoral contre les vents froids descendant des Alpes. Ces montagnes fournissent un abri très efficace pour les localités placées à leur base et surtout aux expositions du Sud, du Sud-Est ou du Sud-Ouest ; la profondeur considérable de l'eau sur le bord même de la mer constitue un foyer de calorique presque inépuisable qui empêche les couches inférieures de l'atmosphère de se refroidir outre mesure. Ces deux causes combinées expliquent la douceur exceptionnelle des hivers pour une région qui se trouve assez avancée vers le Nord. Les environs de Gênes sont placés en effet au delà du 44e degré de latitude (plus exactement 44°,24′), c'est-à-dire à la même distance de l'Équateur que Bologne (Italie), Barcelonnette (Basses-Alpes), Florac (Lozère) et Rodez (Aveyron), localités situées dans des régions, les trois dernières surtout, dont les hivers sont très rigoureux.

Dans chacun des nombreux replis de cette partie très resserrée du littoral sont parsemés de jolis villages, parfois de petites villes, bâtis le plus souvent dans des situations accidentées au possible, et, partout où la chose a pu se faire, on a créé de beaux jardins dans lesquels les Eucalyptus n'ont pas été oubliés.

Nous en trouvons d'abord sur le sol toscan et, après avoir traversé la Magra, sur toute la zone plus étroite de la Ligurie que la voie ferrée a tant de peine à parcourir. Ce sera, un peu plus loin, dans le jardin public de la Spezzia, et ensuite dans les nombreux parcs et jardins disséminés un peu partout, à Vernazza et à Bonassola, à Sestri-Levante et à Chiavari, à Rapallo et tout auprès dans la curieuse villa Spinola, puis à Zoagli et à Santa-Margherita, à Camoglio et à Recco, à Portofino et à Nervi ; enfin dans le beau parc Gropallo, près de cette dernière localité, si intéressante elle-même par les belles cultures de végétaux exotiques qu'on y rencontre dans la plupart de ses jolis jardins.

Arrivant ainsi bientôt à Gênes, nous verrons alors des Eucalyptus un peu partout dans le square Colombo, la promenade de l'Acqua-Verda et celle de l'Acqua-Sola, sur le nouveau Corso de Circonvallazione et dans les jardins de ses nombreux palais. La belle villa Pallavicini, près de Pegli, dont l'immense parc, remarquable à tous égards, est si riche en végétaux de tout genre, comme presque tous les jardins du littoral depuis Savone Final-Marina, Pietra Ligure et Alassio, jusqu'à San Remo, Bordighera et Vintimille, contient aussi beaucoup d'Eucalyptus.

Enfin, encore plus au Nord et fort loin de la mer, les bords du lac Majeur nous offrent, au pied même des glaciers du Mont Rose, une station fort intéressante pour la Géographie botanique. Nous en avons fait ailleurs [1] une description détaillée, en essayant d'expliquer la raison d'être de cette oasis vraiment méridionale perdue au milieu d'éléments septentrionaux. Nous n'y reviendrons pas ici, nous bornant à signaler la présence sur ce point d'assez nombreux Eucalyptus dont quelques espèces se sont montrées très résistantes.

Dans la belle villa Ada, appartenant au prince Pierre Troubetzkoy et située à Intra, sur les bords du lac Majeur, on admire plusieurs beaux sujets d'Eucalyptus d'un assez grand nombre d'espèces. L'un d'eux, étiqueté *E. Amygdalina vera* et dont nous avons déjà indiqué la parenté, est un arbre d'une beauté incomparable, dont les formes majestueuses se traduisent par 25 mèt. de hauteur sur 2^{m},15 de circonférence à 1 mèt. au-dessus du sol. Cet arbre a supporté à deux reprises la température relativement rigoureuse de 9° au-dessous de zéro, d'abord pendant le mois de décembre 1879, et ensuite en janvier 1887, sans en être aucunement incommodé.

Plusieurs autres des gracieuses villas disséminées sur les bords du lac possèdent également des Eucalyptus ; nous en avons indiqué au jardin Rovelli, comme aussi dans les îles Borromée. Nous avons cité dans le même ouvrage plusieurs sujets de ce genre intéressant, ainsi que les *E. Globulus* de l'Isola Madre, qui furent bien éprouvés, quoique déjà forts, par le rigoureux hiver de 1879-1880. Enfin, bien que ne s'y trouvant pas actuellement, il a dû exister autrefois dans les jardins de l'Isola Bella un *E. Coccifera* dont un échantillon fleuri se trouve, avec indication de cette provenance, dans l'herbier de la villa Thuret. Tous ces Eucalyptus vivent là en compagnie d'assez nombreuses espèces de végétaux australiens. Ils trouvent sur les bords du lac Majeur, sans y être trop dépaysés, les diverses conditions de sol et de climat qui leur sont nécessaires pour se développer convenablement.

[1] *Le lac Majeur et les îles Borromée, leur climat caractérisé par leur végétation*. Montpellier, 1883.

Fig. 2. — Eucalyptus Amygdalina vora, semé en 1870 par le prince TROUBETZKOY, dans sa villa Ada (Lac Majeur).

Le lac Majeur est pourtant placé sous le 46e degré de latitude, c'est-à-dire à la hauteur d'Annecy et un peu plus au Nord que Lyon et Clermont-Ferrand. Il ne peut être relié à aucune ligne isotherme, car il est séparé de Gênes, de Nice et d'Hyères, qui lui sont presque similaires comme végétation, par des contrées dont le climat est infiniment plus rigoureux.

Sur les bords non moins abrités des lacs de Côme et de Garde, on voit sur quelques points les Citronniers résistant en plein air et fructifiant abondamment ; les Eucalyptus trouveraient là, à plus forte raison, deux autres stations septentrionales séparées également, comme celle du lac Majeur, des régions où est possible la culture de cet arbre, par de vastes contrées intermédiaires dans lesquelles l'expérience a été souvent tentée inutilement.

Mais c'est surtout à Saint-Paul-Trois-Fontaines, près de Rome, que nous avons pu admirer les plus vastes plantations d'Eucalyptus effectuées en Europe pendant ces dix dernières années. Il a été créé sur ce point de véritables forêts composées d'arbres se comptant déjà par milliers et même par dizaines de mille. Aussi avons-nous cru devoir entrer dans quelques détails spéciaux, pour décrire cette vaste opération qui nous paraît être une expérience des plus intéressantes autant sous le rapport forestier que sous celui de l'assainissement d'une région qui en a tant besoin.

Les plantations de Saint-Paul-Trois-Fontaines ont été entreprises par les trappistes depuis leur prise de possession en 1868, mais surtout depuis 1879. Elles étaient faites d'abord par petites quantités et à titre d'essai, dans la partie la plus voisine du monastère ; mais, à partir de 1880, c'est par grand nombre que les Eucalyptus ont été élevés en pépinière et plantés ensuite à demeure pendant chacune de ces dernières années. Ces plantations ont pris un développement aussi rapide que considérable, et le chiffre des Eucalyptus plantés à Saint-Paul-Trois-Fontaines dépasse actuellement celui de 125,000.

Dans les vastes forêts ainsi créées, les arbres étaient d'abord distancés de 3 à 5 mèt. et disposés en lignes espacées de 5 à 8 mèt. les unes des autres. Dans les nouvelles plantations, on a diminué progressivement l'intervalle entre les arbres et les lignes ; nous croyons qu'il y aurait tout avantage à le rapprocher encore, à 2 mèt. ou même seulement à $1^{m},50$ en tous sens, en défonçant toutefois assez profondément pour que ces arbres puissent se développer avec vigueur. Se soutenant les uns les autres, ils résisteraient beaucoup mieux à l'action du vent, et on pourrait les éclaircir peu à peu au fur et à mesure de leur développement.

On sait combien la partie de la campagne romaine appelée l'Agro Romano, située entre la Ville Éternelle et la mer, devient insalubre et dévastée par la Malaria, qui la rend inhabitable pendant tout l'été. C'est ce qui explique l'étonnement du voyageur qui, franchissant les remparts de Rome de ce côté, n'aperçoit devant lui avec stupéfaction qu'une immense surface ondulée par de petites collines, couverte il est vrai de pâturages verdoyants en hiver et au printemps, mais très aride quand surviennent les chaleurs et à peu près déserte par l'absence presque complète de toute habitation. Le climat de toute cette région est en effet très meurtrier pendant les mois d'été, et les cultivateurs sont forcés d'émigrer s'ils ne veulent pas être décimés par la terrible fièvre.

A cet égard, la région occupée par le monastère de Saint-Paul-Trois-Fontaines avait encore une réputation toute spéciale d'insalubrité; les Romains l'avaient surnommée « le Tombeau », voulant exprimer par là combien il était dangereux d'y séjourner. Il s'est trouvé néanmoins des religieux, des trappistes, dont la plupart sont français, qui ne se sont pas laissé rebuter par les dangers de toute nature auxquels ils s'exposaient en s'y établissant. Ils sont venus bravement planter leur tente dans ce quartier général de la Malaria, et dans les premiers temps plusieurs d'entre eux ont payé de leur vie cette témérité ; on peut dire aujourd'hui qu'ils ont réussi à vaincre le climat, grâce à leurs persévérants efforts, en apportant une amélioration considérable à la salubrité de toute la contrée.

Le gouvernement ne s'est pas borné à concéder à titre onéreux d'immenses surfaces de terrain, il a fourni aussi aux trappistes les bras nécessaires pour les seconder dans ce rude labeur, en faisant de Saint-Paul-Trois-Fontaines une véritable succursale des bagnes italiens. Les forçats qui ont mérité cette faveur par leur bonne conduite sont admis à être transférés à Saint-Paul-Trois-Fontaines et les trappistes les occupent aux travaux de défrichement et de préparation des terrains où doivent se faire les plantations d'Eucalyptus. En échange de ce service, les religieux allouent à chaque forçat une rémunération convenable, dont une partie est mise en réserve afin de former un petit capital qui sera tenu à la disposition du condamné dès qu'il aura été rendu à la liberté. C'est une ressource précieuse qui constitue une petite fortune pour le forçat libéré ; elle lui procure l'immense avantage de le mettre à l'abri du besoin, en attendant qu'il puisse se refaire une position dans la société, qui ne veut guère de lui. Elle a un avantage plus grand encore, celui de lui ôter la tentation de tomber en récidive quand il est exposé par les nécessités de l'existence, et ce n'est malheureusement que trop souvent le cas, à redevenir voleur ou assassin.

L'influence bienfaisante des bons religieux, dont l'autorité toute paternelle sur le condamné s'exerce toujours avec douceur, les bons conseils qui lui sont donnés, et peut-être mieux encore les excellents exemples d'abnégation et de dévouement dont il est tous les jours le témoin, produisent petit à petit un effet salutaire sur cet être dégradé, en aidant à le ramener vers des idées plus saines. La société, qui l'a rejeté de son sein, peut d'ailleurs, plus d'une fois, prendre sa part de responsabilité dans la faute commise par le condamné, celui-ci étant lui-même le plus souvent la victime inconsciente des principes vicieux qu'apporte avec elle une éducation mal comprise. Cette influence essentiellement moralisatrice s'exerce même au dehors, car les forçats des bagnes italiens, désirant vivement obtenir d'être transférés dans cette colonie agricole, cherchent à mériter cette faveur par leur bonne conduite et s'efforcent ainsi à devenir meilleurs.

Aujourd'hui que les idées philanthropiques et généreuses pour l'amélioration du sort des condamnés après leur libération sont étudiées avec beaucoup de soin par nos économistes, on pourrait trouver là un excellent exemple à suivre, qui devra produire ses bons effets partout ailleurs aussi bien qu'à Saint-Paul-Trois-Fontaines, et donner toujours les meilleurs résultats.

Comme clause de la concession qui leur était faite en 1879, et indépendamment d'une rente fixe, les trappistes de Saint-Paul-Trois-Fontaines avaient dû s'engager envers le gouvernement italien à défricher près de 500 hectares de terrains ayant appartenu jadis à une congrégation religieuse et convertis ensuite en biens nationaux. Ils avaient l'intention d'essayer diverses cultures et devaient planter, sur la moitié de la surface concédée, 125,000 pieds d'Eucalyptus répartis pendant les dix années suivantes, c'est-à-dire à raison de 12,500 arbres par chacune de ces dix années. Le chiffre fixé a été le plus souvent dépassé et même presque toujours doublé ; ils ont ainsi très rapidement converti les terrains incultes qui leur avaient été concédés en forêts immenses qui ont acquis déjà un remarquable développement.

Les difficultés résultant de l'insalubrité du climat et de la nature souvent ingrate du sol auraient paru presque insurmontables pour d'autres que ces religieux. Ils se mirent bravement à l'œuvre, et, grâce à leur persévérance qui ne s'est jamais démentie, ils ont aujourd'hui la satisfaction de voir leurs efforts couronnés de succès. Ce n'a pas été sans peine cependant, et il a fallu souvent employer la mine pour faire des trous suffisamment grands afin que les jeunes arbres qu'on allait y planter puissent prospérer convenablement. Le chiffre imposé par l'acte de concession a été atteint bien avant l'époque fixée. Actuellement, en effet, les Eucalyptus qui boisent les collines de Saint-Paul-Trois-Fontaines dépassent le nombre de 125,000 et les plantations sont loin d'être terminées. Les jeunes sujets plantés vers le commencement, c'est-à-dire en 1879 et 1880, sont déjà devenus des arbres faits, et on espère en commencer l'exploitation dans cinq ou six années.

Le sol, à Saint-Paul-Trois-Fontaines, est de nature volcanique et généralement d'une épaisseur de 20 à 40 centim., reposant sur la pouzzolane plus ou moins dure, dans laquelle parfois les racines d'Eucalyptus réussissent à pénétrer.

Les trappistes ont établi aussi à Saint-Paul-Trois-Fontaines, sur une étendue de plus de 25 hectares, de grands vignobles plantés et cultivés à la manière de ceux du midi de la France. Ce sont surtout nos cépages languedociens, le Grenache, l'Espar et la Carignane, qui ont été adoptés de préférence, et le résultat obtenu est actuellement fort encourageant. Leur exemple est suivi et bon nombre de propriétaires créent des vignobles dans des conditions équivalentes. Ils ont réussi enfin à transformer de ces diverses manières, en l'assainissant considérablement, une vaste étendue de terrain auparavant improductive parce qu'elle était vraiment inhabitable. Il y a dix ans à peine, on ne pouvait séjourner à Saint-Paul-Trois-Fontaines, dont le climat était meurtrier, surtout pendant les mois d'été ; la Malaria décimait les imprudents qui voulaient s'y exposer. Grâce aux plantations d'Eucalyptus, la salubrité s'est améliorée au point que les religieux peuvent maintenant habiter toute l'année dans cette contrée sans en être trop incommodés.

Il ne faudrait pas croire pourtant que Saint-Paul-Trois-Fontaines, situé aux portes de Rome et par conséquent sous une latitude assez méridionale, jouisse d'un climat extrêmement doux. Dans cette partie de la campagne romaine, le vent souffle souvent avec violence et les hivers sont parfois assez rigoureux. Les températures de 4°, 5° et même 6° au-dessous de zéro se reproduisent à peu près tous les ans ; en 1875, ainsi qu'en décembre 1879, le thermomètre est descendu chaque fois à — 9°, et le 15 mars 1883, quelques jours à peine avant notre visite, on avait observé 6° au-dessous de zéro. Malgré ces circonstances en apparence défavorables, les plantations n'ont pas cessé de réussir aussi bien que possible, et les pertes résultant du défaut de reprise des plants ne dépassent souvent pas 3 ou 4 %, ce qui est, à notre avis, un résultat réellement remarquable.

Les trappistes plantaient d'abord presque exclusivement l'*E. Globulus* ; ils ont essayé ensuite les *E. amygdalina, botryoïdes, colossea, coriacea, melliodora, polyanthema, resinifera, robusta, rostrata, sideroxylon, tereticornis, urnigera, viminalis*, etc., etc. Mais les expériences entreprises sur un bon nombre d'espèces ont fait modifier cette préférence, et aujourd'hui ils plantent aussi, sous le nom d'*Eucalyptus resinifera*, une variété que M. Naudin a reconnue être l'une des nombreuses formes de l'*E. rostrata*. Comme nous l'avons vu précédemment, elle se développe vigoureusement, est un peu moins sensible au froid que l'*E. Globulus* et ses rameaux flexibles sont moins facilement cassés par la violence du vent. Ce sont là des avantages considérables qui légitiment suffisamment cette préférence.

7° Espagne.

Le noble pays illustré par le Cid a vu la culture des Eucalyptus se développer rapidement sur presque toute l'étendue de son vaste territoire.

Introduits dès 1847 par M. le professeur M. de la Paz Graells et cultivés d'abord dans le Jardin Botanique de Madrid, les Gommiers australiens furent ensuite répandus par ce savant botaniste dans les diverses provinces espagnoles, grâce aux envois de graines qui lui furent faits depuis cette époque par feu M. Sanjust, alors consul-général d'Espagne à Sidney (Australie). De sorte qu'en 1863 il en existait déjà un peu partout d'assez nombreux exemplaires dans toute l'étendue de la péninsule ibérique.

M. Graells avait compris tout d'abord l'importance des Eucalyptus et les services qu'ils étaient appelés à rendre pour le reboisement des régions montagneuses, de plus en plus dénudées, surtout de celles qui se trouvent peu éloignées du littoral de la mer. Aussi fit-il tous ses efforts pour propager partout dans son pays la culture de cet arbre précieux. Afin de mieux obtenir ce résultat, il se mit en relations suivies avec M. le Dr Ferdinand Müller (de Melbourne), dont il a été souvent question précédemment, et ensuite avec la Société nationale d'Acclimatation de Paris, qu'on trouve toujours au premier rang quand il s'agit de propager les végétaux utiles pour en répandre l'usage dans tous les pays civilisés. Il reçut ainsi plusieurs envois de graines d'un nombre assez considérable d'espèces qu'il essaya ensuite et fit essayer dans les nombreux jardins disséminés sur tout le territoire de son pays.

De son côté, le Gouvernement espagnol fit venir, sur les instances de M. Graells, de grandes quantités de semences d'*E. Globulus*, qui furent largement distribuées par ses soins à toutes les personnes qui désiraient les utiliser. L'expérience donna presque toujours d'excellents résultats, et aujourd'hui on trouve des Eucalyptus un peu partout, en Espagne et particulièrement dans celles de ses provinces qui forment le littoral de la Méditerranée et de l'Océan.

Dans la plupart de ces contrées, notamment du côté de Valencia, on désigne l'Eucalyptus sous le nom d'*arbre à la fièvre*, parce qu'on y fait une grande consommation de ses feuilles que l'on prend en décoction pour combattre les fièvres paludéennes.

Indépendamment de l'influence bienfaisante, aujourd'hui bien reconnue, qu'exerce l'Eucalyptus en assainissant les terrains marécageux, cet arbre est déjà devenu et deviendra encore davantage une précieuse essence de reboisement, surtout pour les contrées du midi et de l'est de la péninsule ibérique. Les régions montagneuses du centre et du nord de l'Espagne, dont l'altitude est généralement assez grande, seront probablement trop froides pour l'Eucalyptus, et d'autre part les espèces les moins frileuses, celles surtout qui se sont montrées plus difficiles sur la nature du sol, n'y trouveront peut-être pas toujours un climat ou des terrains suffisamment à leur convenance.

Dans tout le reste de l'Espagne, l'Eucalyptus pourra aider à reconstituer les forêts disparues, et cela tout particulièrement dans les contrées qui ont le plus grand besoin d'être reboisées. On ne sait que trop, en effet, que la plupart de ces contrées sont alternativement ravagées, depuis quelques années surtout, par la sécheresse ou les inondations, et l'expérience démontre, aujourd'hui plus que jamais, combien sont funestes sous ce rapport les déboisements qu'on laisse se produire partout dans des proportions déplorables, sans chercher à y porter remède.

Il existe à Saint-Claude, près du Ferrol, une petite forêt d'*E. Globulus*, dans la propriété d'un ami de M. Graells et dont ce dernier lui avait fourni les semences ; elle se compose de plus de 3,000 arbres ayant maintenant dix années de plantation et mesurant de 20 à 25 mètres de haut sur 2 mètres de circonférence en moyenne. A Santiago de Galice, le développement de ces arbres est encore plus rapide, puisqu'un autre ami de M. Graells a pu lui envoyer une rondelle prise dans un tronc d'Eucalyptus de 10 ans, qui mesurait déjà 3 mètres de circonférence.

On peut voir dans différents jardins de Madrid, ainsi que sur la plupart de ses promenades publiques, des Eucalyptus qui, sans être bien nombreux, sont remarquables par leur végétation dans une région assez élevée. A l'Escurial, le fait est encore plus intéressant à observer, puisque sur ce point et à l'altitude de 1,080 mètres au-dessus du niveau de la mer, on y voit un Eucalyptus fleurir et fructifier. La latitude relativement méridionale de cette région, à peu près équivalente à celle de la Tasmanie, explique le succès de cette remarquable expérience, en démontrant une fois de plus que, dans l'acclimatation des végétaux, il est possible d'obtenir des résultats à peu près analogues, toutes les fois qu'on se trouve dans une situation géographique correspondante comme latitude et altitude; il faut tenir compte cependant que, pour chaque espèce déterminée, les conditions hygrothermiques de l'atmosphère et la nature spéciale du sol qui lui sont nécessaires, doivent aussi se rencontrer pour obtenir de bons résultats.

M. Graells considère comme étant aujourd'hui assurées, d'abord la résistance de l'*E. Globulus*, ainsi que de la plupart des 29 ou 30 autres espèces qu'il a reçues de M. Müller, et ensuite la naturalisation de quelques-unes de ces espèces dans toute la région littorale de la péninsule ibérique.

8° Autres parties de la région méditerranéenne.

Indépendamment du littoral de la Provence, du Roussillon et de la région de Montpellier, nous avons déjà essayé de décrire les plantations d'Eucalyptus entreprises un peu partout en Corse, en Algérie, en Italie et en Espagne. Nous allons maintenant dire quelques mots de la culture de cet arbre, qui s'est propagée rapidement, quoique dans de moins grandes proportions, dans tout le reste de la région baignée par les eaux de la Méditerranée.

Sous le rapport de la nécessité impérieuse qu'il y aurait à reboiser les terrains en pente, la Grèce et la Turquie d'Asie ne le cèdent en rien à l'Espagne et à l'Algérie, parce que, là aussi, des déboisements malencontreusement opérés depuis une longue suite d'années rendent urgente, aujourd'hui plus que jamais, la reconstitution des forêts comme elles existaient primitivement. C'est justement dans les contrées les plus exposées à la sécheresse que cette nécessité se fait sentir plus impérieusement encore, parce que c'est là, plus que partout ailleurs, que les reboisements peuvent rendre d'immenses services. Aujourd'hui, personne ne doute de l'influence bienfaisante qu'exercent les forêts dans les régions montagneuses. Comme il est facile de s'en convaincre en parcourant les bois, les feuilles qui tombent des arbres, en s'amoncelant en matelas sur le sol, où elles se décomposent lentement, augmentent petit à petit la couche humifère et retiennent les eaux pluviales ; celles-ci, au lieu d'être entraînées à la surface, comme il arrive dans les parties dénudées, sont, de cette manière, beaucoup plus facilement absorbées par la terre et emmagasinées ensuite dans des réservoirs souterrains destinés eux-mêmes à alimenter les sources qui doivent plus tard fertiliser les plaines.

On ne saurait jamais comprendre assez, dans nos régions méridionales, la nécessité de conserver avec soin les forêts qui existent et de reconstituer par le reboisement toutes celles qui ont disparu. Pour cet objet, l'Eucalyptus sera bien certainement d'un usage précieux là où il pourra trouver les conditions climatériques et de nature du sol qui lui sont absolument nécessaires. On pourra l'utiliser largement et il constituera la meilleure essence forestière, celle qui est appelée à nous rendre les plus grands services.

La culture de l'Eucalyptus a été essayée un peu partout en Grèce, particulièrement dans les pépinières nationales d'Athènes et dans le riche arboretum créé près de cette dernière ville par M. R. Gennadius, le savant inspecteur de l'Agriculture du royaume hellénique. Il en est de même dans les parties méridionales de la Turquie d'Europe, dans les îles Ioniennes et dans celles de Rhodes, de Crète et de Chypre. On n'en voit point encore dans l'île de Malte, pas plus dans le Jardin Risso que dans celui du Gouvernement ; mais par contre il y en a beaucoup dans la Sicile, ainsi que nous l'avons indiqué précédemment.

C'est en Turquie d'Asie, encore plus que partout ailleurs, que les reboisements par les plantations d'Eucalyptus seraient appelés à rendre des services. Sur le plateau d'Anatolie et le versant méditerranéen de l'Arménie, ainsi que dans toute l'étendue de la Syrie, la négligence proverbiale du Gouvernement turc a laissé se produire, sous le rapport forestier et pendant une longue série de siècles, un travail de destruction qui a accompli peu à peu son œuvre dévastatrice et qui se continue encore de nos jours. La physionomie autrefois très agréable de cette région, qu'on nous montrait comme ayant été si riche et si fertile il y a trois mille ans, a été de la sorte complètement changée ; elle est devenue bien triste, maintenant que le sol a été rendu aride, stérile et complètement dénudé. Aussi cette vaste contrée s'est-elle dépeuplée rapidement, et, en la parcourant, on rencontre à chaque pas des vestiges de ses anciens canaux d'irrigation, démontrant d'une manière irrécusable que son agriculture, alors prospère, nourrissait les nombreux habitants de ses vastes cités dont il ne reste plus aujourd'hui que des ruines. M. C. Gaillardot nous a montré[1] les funestes effets produits par le déboisement des montagnes de la Syrie. On ferait bien de méditer le tableau saisissant qu'il en a donné, et de profiter de cette expérience afin d'éviter les mêmes inconvénients à toute notre région méditerranéenne.

M. Guillemot, ancien capitaine du génie français, qui habite la Palestine depuis déjà longtemps, a fait quelques essais, d'abord peu fructueux, mais qu'il a l'intention, sur mes instances, de renouveler dans de meilleures conditions et avec des espèces mieux appropriées.

Dans les jardins de l'Égypte, on rencontre quelques Eucalyptus qui se développent avec la plus grande rapidité. M. Delchevalerie en a essayé un peu partout dans cette riche contrée si renommée par la fécondité de son sol, rendu excessivement fertile grâce aux nombreux canaux d'irrigation qui sillonnent le pays dans tous les sens. Toutefois, le résultat n'a pas été partout le même, et dans les parties non arrosables dont le sous-sol reste sec pendant l'été, la végétation laisse beaucoup à désirer.

Quant à la Tripolitaine, à la Tunisie et au Maroc, qui complètent le côté africain de notre région méditerranéenne, on peut facilement leur appliquer tout ce que nous avons dit de l'Algérie. Ces diverses contrées retireront de la culture de l'Eucalyptus les mêmes bienfaits que notre colonie algérienne, si l'on y pratique d'une manière très large des reboisements effectués avec intelligence, comme nous l'avons indiqué précédemment.

9° Portugal.

Par sa situation essentiellement méridionale, la contrée lusitanienne, qui a été la patrie du grand poète Camoëns, se trouve dans des conditions favorables, au moins sur son littoral, pour permettre aux Eucalyptus de prospérer aussi bien que partout ailleurs.

[1] *Bulletin de la Société Botanique de France*, 1857, pag. 284.

Grâce à cette essence forestière, on commence déjà, dans la partie ouest du Portugal ainsi que dans l'île de Madère, à boiser et à assainir les contrées qui en ont besoin. On peut dire même que l'expérience est déjà faite depuis longtemps, et que les Eucalyptus plantés d'abord dans les jardins et sur les promenades publiques de Lisbonne, de Cintra, de Porto, de Coïmbre, ainsi que des principales localités de la région littorale, ont presque partout prospéré admirablement et acquis avec rapidité des proportions considérables.

L'Eucalyptus trouve en effet, dans cette région occidentale, les conditions géographiques et climatériques de la Tasmanie, au moins dans les plaines basses et les plateaux peu élevés. Il n'en serait peut-être pas de même à des hauteurs plus grandes, comme, par exemple, dans les parties montagneuses des provinces de Tras-os-Montes et de la Beira-Alta, dont l'altitude générale explique la rigueur relative des hivers, à moins d'y essayer les espèces moins frileuses qui vivent à l'état indigène sur les hautes montagnes de la Tasmanie.

Il y a plus de vingt-cinq ans qu'on a commencé à planter des Eucalyptus en Portugal, et M. Duarte de Oliveira Junior, de Porto, l'infatigable rédacteur du *Jornal de Horticultura practica*, a été un de ceux qui ont le plus contribué à en propager la culture. Aussi en trouve-t-on aujourd'hui, sur un assez grand nombre de points, des plantations importantes souvent encore jeunes, mais datant quelquefois de dix, douze, quinze et même vingt années. Elles forment, en divers lieux, de véritables forêts composées de milliers et même de plusieurs dizaines de mille arbres déjà grands, dont on peut maintenant commencer l'exploitation. On en a planté beaucoup aussi le long des voies ferrées.

M. Carlos Augusto de Sousa-Pimentel, qui a publié, en 1884, un travail intéressant[1] sur la culture de l'Eucalyptus en Portu-

[1] *Eucalypto globulus. Descripção, cultura e aproveitamento d'esta arvore.* — Lisboa. Typographia universal de Thomaz Quintino Antunes.

gal, énumère les principales plantations de cet arbre effectuées pendant ce dernier quart de siècle dans toute l'étendue du royaume. On pourra recourir à sa brochure pour avoir des détails plus circonstanciés sur les efforts qui ont été faits depuis déjà longtemps afin de propager la culture des Eucalyptus dans ce pays.

L'une des plus importantes de ces plantations, citée par M. de Sousa-Pimentel, est probablement celle de la propriété de M. Joao Jose Soares Mendes, dans la vallée du Tage et près d'Abrantès. Il existe là une véritable forêt composée d'environ 150,000 Eucalyptus divisés en deux grands massifs, dont les arbres ont été plantés à 3 et 4 mètr. de distance les uns des autres.

On voit par là que le Portugal n'est pas resté en arrière dans la voie du progrès, et qu'il s'y est trouvé, de même qu'en Espagne, des hommes dévoués au bien public qui se préoccupent de l'avenir de leur pays, en considérant comme une chose utile de faire tous leurs efforts pour propager la culture des Eucalyptus.

10° Ouest de la France, Manche et Angleterre.

De même que celui de la Méditerranée, le littoral français de l'Océan est moins froid, à latitude égale, que l'intérieur des terres. C'est ainsi que vers sa partie la plus méridionale, dans les jardins de Bayonne, de Saint-Jean-de-Luz et d'Hendaye, trois localités des Basses-Pyrénées situées sur le bord même ou tout près de la mer, les Eucalyptus résistent presque complètement en plein air, c'est-à-dire à peu près dans les mêmes conditions qu'à Montpellier, ce qui est encore assez loin de constituer une résistance absolue. Par contre, ils ne sauraient se conserver d'aucune façon à Tarbes ou à Toulouse, localités placées pourtant sous la même latitude mais beaucoup plus éloignées de l'Océan.

A Pau, ainsi que nous l'avons vu, l'*E. coriacea* (*E. pauciflora* Müller) avait vécu pendant assez longtemps dans le jardin de feu M. Paul Tourasse, où il avait fleuri et même fructifié. Cet amateur distingué d'horticulture avait en effet entrepris, en 1875, la culture de l'Eucalyptus sur une étendue de terrain d'environ 2 hectares, dans le but d'assainir la vaste lande marécageuse de Pont-long, située au nord et à quelques kilomètres de la ville de Pau. Cette expérience portait sur une soixantaine d'espèces essayées comparativement et formant un total d'environ 2,000 sujets. Après quatre années de plantation, la plupart de ces jeunes arbres mesuraient déjà 7 à 8 mèt. de hauteur sur 50 à 60 centim. de circonférence, et il en est qui commençaient même à fleurir et fructifier. A la suite de l'hiver assez rigoureux de 1877-78, quelques-uns appartenant aux espèces les plus frileuses perdirent une partie plus ou moins grande de leur tige et durent être rabattus, quelquefois même recepés complètement. Ils repoussèrent ensuite vigoureusement, mais ils furent atteints une seconde fois par l'hiver encore plus rigoureux de 1878-79, pendant lequel le thermomètre descendit à — 12°. On dut les receper encore, et bon nombre repoussèrent assez bien, quand ils furent surpris à nouveau, et avec eux presque tous les autres, par la température véritablement sibérienne de — 20°, survenue en décembre 1879. Il ne survécut alors que les *E. coriacea* et *viminalis* qui furent les seuls à repousser. Un sujet de l'une de ces deux espèces a fleuri et fructifié, d'abord en 1882 et ensuite en 1883.

Cette expérience, assez longuement poursuivie, fit acquérir la conviction à M. Tourasse que la culture de l'Eucalyptus n'était guère possible dans les environs de Pau, dont le climat est pourtant renommé pour sa douceur exceptionnelle, puisqu'on en a fait une station d'hiver.

A Bordeaux, on a essayé souvent les Eucalyptus dans les nombreux jardins qui entourent la ville, mais le succès n'a jamais été guère de longue durée. Une espèce pourtant, l'*E. viminalis*, s'est conservée pendant quelques hivers, et a même fleuri tout récemment.

Par une anomalie fort étrange, et que nous essayerons plus

loin d'expliquer, les mêmes arbres se contentent mieux du climat de Belle-Ile en Mer, de Quimper, de Brest, de Morlaix, et beaucoup mieux encore de celui de Roscoff dans le Finistère et de Cherbourg à l'extrémité de la presqu'île du Cotentin. Cherbourg est situé plus au Nord que Paris, et pourtant, dans ses jardins, les Eucalyptus, de même que les *Acacia* de la Nouvelle-Hollande, les *Métrosideros* et beaucoup d'autres végétaux d'origine australienne, résistent mieux en plein air qu'ils ne le font à Montpellier.

On a conservé à Nantes pendant longtemps des *E. Gunnii*, *urnigera* et *amygdalina* qui avaient atteint 10 mèt. de hauteur sur 50 à 60 centim. de circonférence à 40 centim. du sol et qui donnaient déjà des fleurs et des fruits. Ces arbres ont beaucoup souffert en décembre 1879 ; mais pour acquérir ces proportions relativement grandes ils avaient dû résister absolument au froid pendant cinq ou six années pour le moins.

Il en était presque de même à Angers, où l'on a vu aussi un bel arbre tasmanien, le *Dacrydium Franklini*, résister pendant toute une série d'hivers consécutifs, sauf à disparaître ensuite, de même que les Eucalyptus, quand sont survenus des froids plus rigoureux.

D'après M. Bossin [1], il existait déjà en 1851, au Jardin Botanique de Brest, un *E. obliqua* de 10 mèt. de hauteur ; on y voyait aussi, de même que dans les jardins particuliers de Fécamp, de Cherbourg, de Valognes, de Morlaix et de Saint-Brieuc, beaucoup de plantes frileuses que nous ne pouvons conserver à Montpellier.

L'*E. coccifera* résiste depuis sept à huit ans à Angers, et cette espèce, ainsi que les *E. viminalis*, *Gunnii*, *coriacea* (*E. pauciflora* Müller), et peut-être encore les *E. polyanthema* et *Risdoni*, aurait grande chance de réussir sur les côtes de la Bretagne et surtout dans le Finistère et la Manche.

Dans l'île de Jersey, plusieurs Eucalyptus ont atteint de grandes

[1] *Revue horticole*, 1852, pag. 298.

proportions. Il en est de même dans celle de Guernesey et de l'autre côté de la Manche dans l'île de Wight, cette autre Tasmanie anglaise qui offre, sous plus d'un rapport, une analogie géographique et climatérique, quoique sous une latitude bien différente, avec l'île océanienne de ce nom.

La partie méridionale de l'Angleterre jouit également de ce climat particulier, tout à la fois doux et humide, que nous avons caractérisé ailleurs [1] sous le nom de climat *hygrothermique*. Les chaleurs y sont modérées pendant l'été et les froids peu rigoureux pendant l'hiver ; ces circonstances permettent de la sorte à plusieurs espèces d'Eucalyptus de résister dans quelques-uns des jardins de cette région. Dans les comtés de Cornwall et de Devon, ces arbres sont en effet bien rarement endommagés par les gelées. Il existe dans cette dernière province, à Powderham-Castle, près d'Exeter, un très fort exemplaire d'*E. coccifera* mesurant actuellement plus de 20 mèt. de haut sur près de 3 mèt. de circonférence. Cet arbre a bravé les hivers les plus rigoureux depuis plus de trente ans qu'il est planté, sans jamais souffrir aucune atteinte, tout en fleurissant chaque année très abondamment ; toutefois ses graines ne mûrissent pas. A en juger par son rapide accroissement, il paraît retrouver dans le sud de l'Angleterre des conditions climatériques presque équivalentes à celles de la Tasmanie, son pays natal.

Dans le célèbre Jardin Botanique de Kew, près de Londres, l'*E. Gunnii*, espèce très ornementale qu'on a longtemps appelée *E. polyanthemos* ou *polyanthema*, résiste depuis plusieurs années en pleine terre. Quoique légèrement endommagés par le froid à plusieurs reprises, les arbres de cette espèce se sont ensuite chaque fois promptement rétablis et se trouvent actuellement dans un bel état de végétation. Les *E. urnigera* et *amygdalina* y avaient gelé pendant l'hiver de 1853-54, en même temps que quelques autres espèces. Il en fut de même de plusieurs *Acacia*

[1] *Le lac Majeur et les îles Borromée, leur climat caractérisé par leur végétation*, pag. 47 et 48.

de la Nouvelle-Hollande déjà grands, ainsi que de beaucoup de végétaux australiens ou de la Nouvelle-Zélande, dont quelques-uns repoussèrent cependant du pied.

Enfin, et cela paraîtra assurément plus extraordinaire encore, il existe même en Écosse dans l'East-Lothian, à Wittingham, près d'Edinburgh, un fort échantillon d'Eucalyptus qu'on croyait être l'*E. viminalis* et qui, d'après un journal anglais, le *Gardener's Chronicle*[1], serait au contraire un *E. Gunnii*. Cet arbre, âgé de 40 ans, fut légèrement maltraité par le froid en 1861, mais depuis cette époque il s'est développé à merveille ; il a donc supporté de fort nombreux hivers, dont quelques-uns assez rigoureux, et malgré cela il élève aujourd'hui majestueusement sa tête à plus de 20 mèt. de hauteur, tandis que son tronc dépasse 3 mèt. de circonférence.

Quelle que soit celle de ces deux espèces à laquelle appartienne cet arbre, nous avons vu qu'elles sont l'une et l'autre originaires des montagnes de la Tasmanie, où on les rencontre sous le 43e degré à plus de 1,000 mèt. d'altitude; il est intéressant de constater qu'elles retrouvent en Écosse, sous le 56e degré de latitude Nord, un climat leur permettant, non seulement de vivre, mais encore d'acquérir de grandes proportions.

Dans le court chapitre que nous consacrerons à la climatologie spéciale aux Eucalyptus, nous essayerons de déterminer les raisons physiques qui expliquent cette anomalie fort étrange que nous venons de décrire et qui permettent à des végétaux relativement frileux de vivre sous une latitude aussi septentrionale.

11° RÉGIONS ÉLOIGNÉES.

Nous terminerons tout ce que nous avions encore à dire sur la culture des Eucalyptus en décrivant sommairement l'extension rapide qu'a prise la culture de cet arbre dans les diverses parties de l'Ancien et du Nouveau-Monde que nous n'avons pas encore énumérées.

[1] N° du 16 janvier 1886.

On a essayé la culture de l'Eucalyptus dans l'Inde, à Java, aux îles Maurice et de la Réunion, au Sénégal, au Gabon, au cap de Bonne-Espérance et sur beaucoup d'autres points éloignés de l'Asie et de l'Afrique. Nous avons déjà vu que quelques espèces prospéraient très bien dans ces contrées, où elles commençaient même déjà à rendre quelques services.

C'est ainsi que dans l'île de la Réunion, l'*E. rostrata* résiste sur le bord même de la mer, et que l'une des nombreuses variétés de cette espèce, dont les rameaux sont très flexibles, se défend assez bien contre la violence des ouragans. Il en serait certainement de même dans l'île Maurice, à Zanzibar, ainsi que sur les côtes du Mozambique, du Zanguebar, de la Cafrerie et particulièrement dans l'île de Madagascar, dont les côtes malsaines pourraient être rendues plus salubres par des plantations d'Eucalyptus.

Nous devons à l'obligeance du R. P. Ch. Duparquet, préfet apostolique de la Cimbébasie, des renseignements intéressants sur les essais de culture de l'Eucalyptus entrepris sur la côte occidentale d'Afrique et spécialement : 1° au Gabon, 2° à Landana, 3° à Mossamédès, 4° à Huilla, 5° à Humbi, 6° au cap de Bonne-Espérance, et 7° à la Terre des Diamants. Nous allons les résumer aussi brièvement que possible.

Au Gabon, au niveau de la mer et à peu près sous la ligne équatoriale, la culture de l'*Eucalyptus Globulus* n'a pas réussi. Ces arbres se sont d'abord assez bien développés pendant deux ou trois ans, mais ils ont ensuite perdu successivement tous leurs rameaux et fini même par succomber.

Il en a été à peu près de même dans le Congo, à Landana, par 5° 12′ de latitude sud et toujours au niveau de la mer. Il y a tout lieu de supposer que dans les conditions particulières de ces deux régions intra-tropicales on aurait pu réussir avec d'autres espèces qu'avec l'*E. Globulus*, avec celles surtout que nous avons citées comme habitant le Queensland et l'Australie septentrionale. D'ailleurs le R. P. Ch. Duparquet a vu à Landana un Eucalyptus d'une autre espèce que l'*E. Globulus*, mais dont il ignore le nom, qui s'est développé vigoureusement pendant une douzaine d'années et qui paraît résister très bien au climat brûlant de la zone torride.

En suivant la côte et tout en s'éloignant de l'équateur, dans les environs de Mossamédès, c'est-à-dire par 15° de latitude sud et au niveau de la mer, l'*E. Globulus* trouve alors des conditions climatériques plus favorables ; il se comporte très bien sur les divers points de la côte sud-ouest de l'Afrique où il a été essayé, en Cimbébasie, en Hottentotie et jusqu'au cap de Bonne-Espérance.

Sous la même latitude que Mossamédès, mais à 1,700 mèt. au-dessus du niveau de la mer, près de la forteresse d'Iluilla, les Portugais ont fait depuis quinze ou vingt ans des essais de culture des Eucalyptus qui ont très bien réussi. Cette situation correspond à peu près comme latitude à celles du Queensland et de l'Australie septentrionale, mais avec une altitude plus grande, ce qui compense largement quelques degrés de latitude et équivaut à un plus grand éloignement de l'équateur. Indépendamment de l'*E. Globulus*, qui là aussi donne d'excellents résultats, on y voit prospérer une autre espèce connue sous le nom d'*E. falcata*, qui produit également des arbres magnifiques, exploités déjà comme bois de construction.

La région dont nous venons de parler a ceci de particulier que la saison froide (mai-octobre) est à peu près complètement privée de pluie, tandis que la saison chaude (novembre-avril) est au contraire extrêmement humide. C'est, comme on le voit, tout le contraire de ce qui se passe dans notre région méditerranéenne.

Ces deux mêmes espèces d'Eucalyptus, qu'on a essayées aussi sur le plateau de la Moucha, non loin d'Iluilla, mais dans une situation plus froide et moins abritée des vents, n'ont jamais pu s'y développer convenablement ; les arbres, constamment écimés par le vent ou par le froid, ne formaient que des buissons rabougris n'ayant plus alors la même valeur sous le rapport forestier.

Un peu plus au sud, vers le 17e degré de latitude et à 1,140 mèt. au-dessus du niveau de la mer, le Supérieur de la Mission de Humbi avait fait quelques essais infructueux avec l'Eucalyptus. Les plantations avaient tout d'abord bien réussi et les arbres avaient grandi rapidement; mais leurs racines furent attaquées par les termites ou fourmis blanches, qui les firent périr jusqu'au dernier.

Au Cap, dont le climat est plus tempéré, presque toutes les espèces d'Eucalyptus qui ont été essayées ont prospéré admirablement. La latitude moyenne de la contrée (33°) est à peu près égale à celle de la Nouvelle-Galles du Sud et de la colonie de Victoria, c'est-à-dire des régions australiennes les plus riches en Eucalyptus ; de plus, grâce à sa situation, cette extrémité méridionale de l'Afrique présente sous beaucoup de rapports des analogies climatériques avec celles du sud de l'Australie. Aussi les Eucalyptus trouvent-ils au Cap des conditions de milieu qui correspondent à celles de leur pays d'origine, en facilitant considérablement la culture de ces arbres, qui atteignent là des proportions considérables.

Toutefois, contrairement à ce qui se passe en Australie, les Anglais de la colonie du Cap estiment peu jusqu'à présent le bois d'Eucalyptus pour les constructions et l'exploitent seulement pour le chauffage. Peut-être les arbres sont-ils encore trop jeunes pour que leurs fibres puissent avoir acquis une maturité suffisante, et peut-être aussi n'a-t-on pas introduit tout d'abord les espèces australiennes que nous avons souvent citées et qui sont recherchées pour la charpente dans les diverses provinces de la Nouvelle-Hollande et de la Tasmanie ?

Quoi qu'il en soit, les Anglais font actuellement de très grandes plantations d'Eucalyptus dans leur colonie du cap de Bonne-Espérance. Ils en bordent les routes et les lignes ferrées, de même qu'ils en plantent dans le voisinage des gares ainsi que sur les places publiques ; ils ont également adopté cette essence de reboisement pour peupler la région des steppes du désert de Karroo, qui est dépourvue de toute végétation arborescente.

A. Kinberley (ville des Diamants), les Eucalyptus ont gelé il y a cinq ou six ans, par un hiver assez rigoureux, mais ils se développent très bien dans la Mission protestante de Moilo tout près de la ville de Zeerust, dans le district de Marico (Transvaal), où ils forment une magnifique avenue. Le R. P. Duparquet pense, d'après cela, que la culture de cet arbre précieux pourrait s'étendre à tout le désert de Kallyharry et remonter au nord jusqu'au 15e degré de latitude, dans les endroits où la gelée n'est pas trop forte et là où les termites ne les détruisent pas.

Le habitants du Cap portent en ce moment une très grande attention à la conservation de leurs forêts ; ils en ont confié la surintendance à un Français, M. le comte de Vasselot, qui a étudié la sylviculture dans nos grandes écoles et qui représente très dignement la France dans ces contrées lointaines.

Nous sommes déjà redevables au R. P. Duparquet de l'introduction de bon nombre de végétaux utiles ou d'ornement. En nous transmettant ces notes intéressantes sur la culture de l'Eucalyptus dans l'Afrique centrale, et au moment où il allait retourner à sa mission de la Cimbébasie, il nous a manifesté l'intention de faire encore sur différents points, et particulièrement dans le désert de Kallyharry, de nouveaux essais dont il a bien voulu promettre de faire connaître plus tard quel en aura été le résultat.

Si, maintenant, de notre ancien continent nous passons l'Atlantique, nous retrouverons encore, un peu partout dans le Nouveau-Monde, de nombreux essais de culture des Eucalyptus. On en a planté de grandes quantités dans le Brésil, la Bolivie, la Plata, le Paraguay, le Chili, l'Uruguay, la Guyane, le Venezuela et la Nouvelle-Grenade ; puis dans le Nicaragua, le Honduras, le Guatemala, le Mexique et dans quelques-uns des États qui forment la partie méridionale de l'Union américaine. On pourrait donc dire sans exagération que l'expérience a été tentée dans la plupart des vastes régions qui forment les deux Amérique.

Au cours d'un voyage d'exploration qu'il avait courageusement entrepris en 1875 dans l'Amérique méridionale, notre excellent ami M. Ed. André, après avoir remonté le cours du Magdalena, put constater non sans surprise que les Eucalyptus étaient déjà cultivés sur plusieurs points de la Nouvelle-Grenade, et particulièrement à Soacha, à Canoas et à Santa-Fé-de-Bogota, c'est-à-dire vers le 6e degré de latitude nord. Ces arbres prospéraient à merveille et se développaient rapidement à une altitude variant entre 2,600 et 3,000 mèt. au-dessus du niveau de la mer. Cette grande hauteur, comme on le sait, modifie considérablement le climat, et grâce à elle, quoique sous la zone torride, la chaleur est toujours modérée. Il y fait assurément moins chaud en été qu'à Montpellier et même qu'à Paris. Par contre, il n'y a pas de froid en hiver, et pendant toute l'année les écarts de température sont relativement insignifiants ; aussi peut-on dire que le climat de cette contrée se résume en un printemps perpétuel. Et pourtant la plupart des plantes de ces régions élevées exigent chez nous la serre chaude pour se montrer dans toute la magnificence de leur végétation.

A Buenos-Ayres et dans une partie des États-Unis du Rio de la Plata, on a planté pendant ces quinze dernières années d'énormes quantités d'Eucalyptus, non seulement dans les promenades et sur les bords des routes, mais encore pour reboiser les parties dénudées de ce vaste pays. Il en est de même dans toute l'étendue du Brésil et des autres États de l'Amérique méridionale.

M. le Dr Sacc, directeur du Laboratoire national de Cochabamba, nous a montré [1] tout le parti qu'on pouvait tirer des plantations d'Eucalyptus dans le territoire Bolivien, dont il vante avec raison la richesse et la beauté. De son côté, le gouvernement Mexicain a conclu récemment plusieurs marchés importants pour la plantation de nombreux milliers d'Eucalyptus dans la vallée de Mexico.

Mais c'est surtout en Californie que la culture de l'Eucalyptus a pris une rapide extension, et c'est presque par millions qu'on pourrait compter aujourd'hui les Gommiers australiens plantés sur le vaste territoire californien. Ils rencontreront dans cette région occidentale de l'Amérique du Nord, non seulement un

[1] *Journal-Barral*, n° du 20 novembre 1885.

climat analogue à celui de l'Australie et de la Tasmanie, mais encore des natures de sol à peu près équivalentes à celles de leur pays d'origine. Ils y trouveront même parfois les mêmes terrains quartzeux aurifères dans lesquels prospèrent si bien quelques espèces d'Eucalyptus qui se rencontrent aussi, comme nous l'avons précédemment indiqué, sur quelques points des Alpes australiennes de la colonie de Victoria et de la Nouvelle-Galles du Sud.

VIII. — Utilité industrielle des Eucalyptus.

Au cours de cette étude, et particulièrement à propos de plusieurs espèces, nous avons souvent parlé des nombreuses propriétés assainissantes, médicinales, industrielles et autres qui ont été reconnues aux Eucalyptus. Sans vouloir nous répéter ici, nous avons pensé qu'il convenait cependant de compléter tout ce qui n'a pas été encore dit en indiquant brièvement le parti que l'on peut tirer des diverses parties de cet arbre, c'est-à-dire de son bois, de son écorce, de ses fleurs, de ses feuilles, etc.

Bois. — Dans la Nouvelle-Hollande de même qu'en Tasmanie, les Eucalyptus constituent la principale essence forestière. Ce sont eux qui fournissent la presque totalité des bois de charpente, de charronnage et de menuiserie ; les troncs des jeunes individus sont employés, soit en poteaux télégraphiques, soit comme traverses de chemin de fer. Ils rendent encore des services comme pilotis de pont et remplacent même souvent la pierre dans la construction des quais.

Le bois de la plupart des Eucalyptus a la réputation d'être incorruptible, surtout quand il reste plongé sous l'eau, et on assure que l'huile essentielle qu'il contient en éloigne les tarets. La densité du bois d'Eucalyptus est généralement très grande, et pour certaines espèces elle égale et dépasse quelquefois celle du chêne le plus lourd ; chez les *E. cornuta*, *marginata*, etc., cette densité est même supérieure à celle de l'eau.

L'huile essentielle que contient le bois facilite sa combustion et augmente d'autant sa qualité pour le chauffage.

Enfin de nombreux essais démontrent que l'ébénisterie peut tirer un grand parti du bois des Eucalyptus et que certaines espèces sont appelées sous ce rapport à nous rendre de grands services.

On sait que le bois de la plupart des essences forestières n'acquiert toutes ses qualités que chez les arbres d'un âge avancé. C'est surtout vrai pour les Eucalyptus, et cette circonstance explique comment des expérimentateurs trop pressés n'ont pas reconnu chez ceux de ces arbres encore jeunes exploités en Europe, en Algérie et partout ailleurs où ils sont cultivés, les qualités que leur attribuent avec juste raison les colons australiens.

Il va sans dire aussi que, de même que pour toutes les autres essences forestières, il est nécessaire de procéder à l'abattage des arbres à l'époque la plus favorable, c'est-à-dire au moment où la sève est le moins en mouvement. De même que tous les arbres à feuilles persistantes, l'Eucalyptus conserve les siennes pendant toute l'année ; sa végétation ne s'arrête donc jamais aussi complètement que chez les arbres à feuilles caduques. En effet, la circulation de la sève, fortement ralentie tant que les rameaux ne s'allongent plus, doit cependant se conserver assez active en hiver pour continuer à nourrir l'ensemble du feuillage et subvenir à la perte résultant d'une évaporation encore assez importante. Aussi, en abattant les Eucalyptus, même pendant la saison où la végétation est complètement arrêtée, c'est-à-dire pour notre hémisphère vers le mois de janvier, est-il utile, comme le recommande avec raison M. Bouchereau [1], de les ouvrir longitudinalement par le cœur et de les tenir ensuite pendant quelque temps immergés dans l'eau. De cette manière, le bois se conservera bien sain, ne se crevassera pas, deviendra facile à travailler et acquerra bientôt toutes les précieuses qualités qu'on lui reconnaît avec juste raison.

[1] *Bulletin de la Société nationale d'Acclimatation de France*, février 1882, pag. 16.

M. Ed. André rapporte[1] qu'un seul pied d'*E. Globulus* dont le tronc mesurait 97 mèt. de haut et n'avait de branches qu'à partir de 63 mèt., fut abattu près de Hobart (Tasmanie) et vendu 6,140 francs. Il serait facile de citer une foule de faits analogues pour signaler la valeur importante, comme bois d'œuvre, des Gommiers australiens; nous en avons souvent entretenu nos lecteurs. Nous nous bornerons à ajouter ici qu'à l'exposition de Londres en 1862 on voyait deux énormes troncs d'Eucalyptus ainsi que des planches de cet arbre mesurant 28 mèt. de long sur $3^{m},50$ de large et $0^{m},08$ d'épaisseur, qui avaient été envoyés par le capitaine Goldsmith; une autre planche qui ne mesurait pas moins de 51 mèt. de long n'avait pu être expédiée, faute d'un navire assez long pour la contenir.

M. Downe, ingénieur anglais, emploie avec succès la décoction du bois d'Eucalyptus préalablement découpé en fines lamelles pour nettoyer les chaudières à vapeur des incrustations calcaires qui se forment sur leur paroi intérieure.

Les troncs des *E. tereticornis*, *siderophœa*, *marginata*, *rostrata*, etc., sont surtout estimés comme résistant longtemps en terre et par conséquent préférés pour les traverses de chemin de fer et les poteaux télégraphiques. Ces espèces ont fourni les bois nécessaires pour la presque totalité des réseaux australien et tasmanien.

Les *E. hæmastoma*, *hemiphlœa*, *cornuta*, *marginata*, *paniculata*, *polyanthema*, etc., fournissent le bois le plus lourd et le plus estimé pour les principaux usages; on en fait même des vis de pressoir et des roues d'engrenage.

Enfin les autres espèces dont le bois est le plus employé pour la charpente et le charronnage, la menuiserie et l'ébénisterie, la tonnellerie, la marine, les pilotis et les divers travaux des ports, etc., sont les *E. alpina*, *amygdalina*, *bicolor*, *botryoïdes*, *crebra*, *diversicolor*, *drepanophylla*, *fissilis*, *Globulus*, *goniocalyx*, *leucoxylon*, *macrorryncha*, *melanophlœa*, *microtheca*, *obliqua* (Voir fig., pag. 167) *pilularis*, *resinifera*, *robusta*, *sideroxylon*, etc.

[1] *Revue horticole*, 1863, pag. 47.

Eucalyptus obliqua des forêts de la Nouvelle Galle du Sud.

Quelques-unes de ces espèces dont le bois est le plus apprécié par les colons australiens, celles surtout dont les forêts sont à proximité des grands centres, ont été tellement exploitées et avec une si grande rapidité qu'elles commencent à s'épuiser. Il en est ainsi surtout des *E. obliqua* et *alpina*.

Nous avons déjà vu en effet que les forêts de l'*E. alpina* peuplant autrefois les Alpes australiennes de la colonie de Victoria avaient été si peu ménagées que cette espèce serait entièrement perdue si l'on n'en avait pas conservé des exemplaires dans le Jardin botanique de Melbourne.

Aussi se préoccupe-t-on dès maintenant, même en Australie, de reconstituer les forêts disparues en replantant ces précieuses espèces qui ont rendu tant de services aux habitants des principales cités australiennes.

Écorces. — En parcourant les forêts d'Eucalyptus de la Nouvelle-Hollande et de la Tasmanie, là surtout où les arbres sont rapprochés les uns des autres, ce qui est souvent le cas, les premières branches ne se montrent généralement qu'à de très grandes hauteurs. C'est ainsi qu'on a eu abattu des *E. diversicolor* dont le tronc restait entièrement nu jusqu'à plus de 90 mèt. de haut. Aussi dans les forêts d'Eucalyptus ne peut-on guère, le plus souvent, reconnaître tout d'abord les diverses espèces que par les différences que présentent les écorces. C'est ce qui a déterminé l'auteur de l'*Eucalyptographia*, M. le baron Ferdinand Müller, à baser sa classification sur les caractères de ces mêmes écorces. Celles-ci présentent en effet, comme couleur, épaisseur, fendillement, contexture, manière de se détacher du tronc, etc., des apparences extérieures différentes selon les espèces, qui permettent de les distinguer à première vue, au moins pour un grand nombre d'entre elles.

L'industrie a utilisé l'écorce des Eucalyptus pour différents usages. On l'emploie pour la tannerie, et sous ce rapport l'écorce de l'*E. leucoxylon* est l'une des plus riches en tannin et par conséquent l'une des plus estimées. Celle de l'*E. Globulus*, analysée par le Dr Sacc, directeur du Laboratoire national de Cochabamba (Bolivie), contiendrait[1] 7,99 % de tannin vert, et il a été reconnu depuis que les écorces d'autres espèces en contiennent encore davantage. On comprend facilement d'après cela le service qu'elles peuvent rendre pour la préparation des peaux.

Les fibres que contient l'écorce, convenablement préparées, servent à tresser des nattes et des paillassons, de même qu'elles sont employées pour la fabrication des cordages. Celles des *E. tetrodonta*, *microcorys*, *obliqua*, *odorata*, *amygdalina*, etc., sont surtout renommées pour ces divers usages.

On emploie aussi l'écorce des *E. corymbosa*, *fissilis*, *rostrata*, *Stuartiana*, *longifolia*, *leucoxylon*, *goniocalix*, etc., pour la fabrication du papier à enveloppes et d'emballage; celle de l'*E. rostrata* sert également pour fabriquer des papiers brouillard et à filtre. Le papier fait avec l'écorce de l'*E. corymbosa* est surtout remarquable par sa très grande solidité.

Enfin l'écorce de l'*E. sideroxylon* et de quelques autres espèces renferme une substance résineuse particulière qu'on extrait par la distillation et qui est connue sous le nom de *Naphte végétal*.

Fleurs. — Bon nombre d'espèces d'Eucalyptus, et particulièrement les *E. melliodora* (Voir la figure, page 170), *diversicolor*, *occidentalis*, *robusta*, *rostrata*, etc., dont les fleurs répandent une odeur agréable, sont recherchées par les abeilles. Nous avons pu apprécier cette propriété mellifère que possèdent les fleurs de ces espèces sur les sujets déjà nombreux d'*E. rostrata* qui fleurissent autour de Montpellier.

En Australie, les fleurs d'Eucalyptus sont surtout visitées par l'abeille noire de Tasmanie, indigène dans cette région. Un naturaliste français, M. le Dr E. Guilmeth[2], explorant en 1884 les forêts d'Eucalyptus, aperçut sur l'un de ces arbres et à 80 mèt. de hauteur, fixée aux branches, une sorte de hutte gigantesque

[1] *Journal-Barral*, 20 novembre 1885.
[2] *L'Apiculteur*, d'après la *Gazette des Campagnes*, no d'avril 1887.

autour de laquelle bourdonnaient des myriades d'abeilles noi-

L'*Eucalyptus melliodora* dans les forêts de la Nouvelle-Hollande.

res. Il résolut de s'en emparer et fit abattre l'arbre, qui mesurait 120 mèt. de haut sur 7 mèt. de diamètre. La ruche ne pesait pas moins de 4,500 kilogr. brut et contenait 3,500 kilogr. d'un excellent miel eucalypté naturel.

Cette découverte a fait l'objet d'une Note très intéressante de M. le Dr Thomas Caraman dans une séance de l'Académie de Médecine. D'après lui, le miel des abeilles noires de Tasmanie récolté dans la patrie des Eucalyptus contiendrait tous les principes médicamenteux que pourrait fournir l'arbre lui-même, c'est-à-dire l'*eucalyptol*, l'*eucalyptine*, etc.; il l'a expérimenté dans un grand nombre de cas et le croit appelé à jouer un grand rôle dans la thérapeutique.

Feuilles. — Tous ceux qui ont vu de près des Eucalyptus ont certainement remarqué l'odeur balsamique que dégagent leurs feuilles quand on les froisse entre les doigts. Ce parfum caractéristique, variable selon les espèces, mais généralement agréable, est dû à la présence de nombreuses glandes oléifères ou oléo-résineuses dont les feuilles sont couvertes, et qui sécrètent une huile essentielle dont on a essayé de tirer parti de diverses manières.

Les Eucalyptus fournissent en effet, par la distillation de leurs feuilles fraîches, des essences de nature différente, qui varient beaucoup comme quantité selon les espèces. Ainsi, tandis que les *E. amygdalina* et *citriodora*, qui sont les plus riches sous ce rapport, fournissent jusqu'à 2 et même 3 kilogr. d'essence pour 100 kilogr. de feuilles, d'autres espèces, telles que les *E. oleosa*, *leucoxylon*, *rostrata*, *sideroxylon*, *Globulus*, *goniocalyx*, etc., encore assez riches relativement, en produisent de 1 à 2 °/₀; il en est quelques-unes, telles que les *E. fissilis*, *obliqua*, *odorata*, *persicifolia*, *viminalis*, *Woolsii*, qui n'arrivent pas même à 1 °/₀, et d'autres enfin chez lesquelles l'huile essentielle n'est pas assez abondante pour rendre la distillation avantageuse.

La qualité de l'essence obtenue par les feuilles des Eucalyptus varie également beaucoup selon les espèces. Elle est souvent agréable, rappelant tantôt l'odeur de la menthe poivrée

(*E. amygdalina, capitellata, odorata, pauciflora, piperita*, etc.), ou bien celle du camphre (*E. Globulus, obliqua, odorata, rostrata, Woolsii*, etc.), ou encore celles du citron (*E. citriodora*) et du Vétiver (*E. persicifolia*). Cette odeur au contraire est quelquefois presque désagréable (*E. goniocalyx, viminalis*, etc.), ou bien peu accentuée (*E. fissilis*, etc.).

Les essences extraites par la distillation des feuilles d'Eucalyptus sont utilisées par les parfumeurs, les fabricants d'élixirs, de liqueurs, etc.; mais les colons australiens les emploient surtout pour l'éclairage. Sous ce dernier rapport, celles fournies par les *E. Globulus, goniocalyx, odorata, sideroxylon, Woolsii*, etc., sont les plus estimées ; l'une d'elles, obtenue par la distillation des feuilles de l'*E. goniocalyx*, paraît même préférée à toutes les autres, parce que sa flamme brillante ne donne ni odeur ni fumée.

Nous avons déjà expliqué que les feuilles des *E. viminalis, dumosa* et *oleosa*, se recouvrent en été d'une sorte de manne saccharine affectant la forme de larmes gommeuses et parfois très abondante. Elle contiendrait un principe sucré et cristallisable que M. Berthelot a désigné sous le nom de *melitose*.

En étudiant l'aire géographique de l'indigénat des Eucalyptus, nous avons signalé, pour chacune des principales espèces, quelles sont les propriétés qui la distinguent et les ressources que l'on peut obtenir de son bois, de son écorce, de ses feuilles, etc. Ce serait nous répéter que d'y revenir encore en les énumérant à nouveau, et nous nous bornerons à y renvoyer le lecteur qui sera désireux de les connaître.

IX. — Propriétés hygiéniques et médicinales des Eucalyptus.

Malgré notre incompétence en matière médicale, nous n'avons pas cru devoir passer sous silence les nombreuses propriétés assainissantes, hygiéniques et thérapeutiques qu'on a souvent attribuées aux Eucalyptus.

C'est un vieux colon de Sidney (Nouvelle-Hollande), M. Mac-

Arthur, qui fut le premier[1] à faire connaître les propriétés hygiéniques des Eucalyptus et l'influence qu'ils exercent sur la salubrité des contrées australiennes où ils sont abondants. Ses observations avaient attiré l'attention, et depuis cette époque un grand nombre de médecins ont pu apprécier qu'il y avait là plus qu'une simple supposition hasardée, mais au contraire un fait intéressant dont l'expérience a souvent confirmé l'exactitude.

On peut constater tout d'abord que la Nouvelle-Hollande et surtout la Tasmanie sont peut-être les colonies qui ont fait le moins de victimes parmi les premiers occupants. Comme il arrive presque toujours dans les régions nouvellement mises en culture, ces excellentes conditions sanitaires se sont encore augmentées par la suite, et, sous ce rapport, la réputation des régions australiennes les plus anciennement colonisées est aujourd'hui parfaitement reconnue.

Aussi les statistiques démontrent-elles que, grâce à la salubrité très grande de leur climat, dans quelques-unes des provinces de l'Australie et particulièrement dans la Tasmanie, la longévité humaine égale, quand elle ne la dépasse pas, celle des régions de l'Europe les mieux partagées sous ce rapport.

La propriété antifébrile des feuilles de l'*E. Globulus* employées en infusions ou décoctions a été signalée pour la première fois par un médecin espagnol, M. Tristany; elle a été reconnue ensuite par M. Cloez, qui a trouvé dans les feuilles une essence oxydée qu'il a désignée sous le nom d'*Eucalyptol*. Les succès fort nombreux obtenus par cette nouvelle médication ont rendu ce remède populaire en Espagne, au point que, sur la côte orientale de la péninsule Ibérique, l'Eucalyptus est communément désigné sous le nom d'*arbre à la fièvre*.

Depuis quelques années, beaucoup de médecins ont constaté de nombreux cas dans lesquels les infusions de feuilles d'Eucalyptus ont eu raison de fièvres tenaces que la quinine n'avait pu guérir. Il nous a été cité sous ce rapport des résultats vraiment remarquables.

[1] *Revue horticole*, 1861, pag. 206.

Dans une intéressante communication qu'il a faite à la Société des Sciences physiques et naturelles d'Alger, un éminent médecin, le Dr Bertherand, est très affirmatif sous ce rapport. Il ajoute qu'à la suite d'une enquête à laquelle il s'est livré sur les vertus hygiéniques de l'Eucalyptus, la diminution et même souvent la disparition complète des fièvres intermittentes dans les régions où les plantations de cet arbre ont été importantes sont attestées par une foule de colons sérieux et d'observateurs intelligents des diverses contrées algériennes.

Le Dr Pain déclare même qu'en multipliant davantage les plantations, on arriverait à annihiler complètement les influences morbides dues aux émanations paludéennes dans les contrées où, jusqu'à ce jour, chaque naissance était presque toujours compensée par un décès.

De son côté, la *Gazette médicale de l'Algérie* continue à enregistrer des faits nombreux démontrant l'utilité hygiénique des Eucalyptus dans les diverses régions africaines.

Enfin, M. le Dr Gubler, professeur à la Faculté de Médecine de Paris, a été amené à croire que l'essence d'Eucalyptus contribue à maintenir l'économie dans un état d'excitation convenable pour résister à la mauvaise influence du milieu, et qu'elle sert également à paralyser ou à détruire l'activité de la cause pathologique, d'origine animale ou végétale. Tel est, peut-être aussi, l'un des modes d'action des forêts d'Eucalyptus pour assainir les contrées sur lesquelles elles s'étendent : il est en effet de notoriété que dans la Nouvelle-Hollande les fièvres intermittentes ne se montrent presque jamais dans les régions boisées d'Eucalyptus, tandis qu'elles déciment les populations australiennes des contrées humides ou chaudes dans lesquelles manque cette précieuse espèce végétale. Les aborigènes, relégués dans les régions centrales moins boisées, disparaissent peu à peu, tandis que la population européenne, et par conséquent moins acclimatée, se multiplie rapidement.

On peut donc admettre avec M. Gubler, sans trop s'éloigner du domaine des faits, que les émanations aromatiques des forêts d'Eucalyptus neutralisent les effluves malsains des marais avoisinants. Il est également probable que les dépôts souvent épais de leurs feuilles et de leur écorce, cette dernière toujours en desquamation comme celle du platane, assainissent les eaux où baignent leurs pieds ; on pourrait en boire impunément, au dire des voyageurs, tandis qu'il serait imprudent d'user d'autres eaux stagnantes dans les mêmes régions.

Nous pourrions ajouter qu'à la succion de ses racines, tellement puissante qu'elle dessèche tout le sol environnant, vient s'ajouter une respiration d'une activité sans égale. Les feuilles d'Eucalyptus sont en effet criblées de stomates (M. Vallée en a compté jusqu'à 350 dans un millimètre carré), et l'on comprend qu'avec un appareil respiratoire aussi admirablement organisé, des arbres d'une végétation très énergique puissent exercer une certaine influence sur l'atmosphère qui les avoisine ; les émanations balsamiques qu'ils répandent abondamment dans l'air ambiant doivent en modifier avec avantage les conditions hygiéniques. Aussi a-t-on préconisé comme remède aux phtisies commençantes le séjour dans les bosquets d'Eucalyptus et certaines préparations obtenues avec les feuilles de cet arbre.

Bon nombre de médecins ont reconnu aussi aux huiles essentielles extraites des feuilles, de l'écorce et même du bois des Eucalyptus, des propriétés éminemment antiseptiques ; elles ont été utilisées souvent avec succès dans les mêmes conditions que l'acide phénique et la créosote.

Des expériences qui se poursuivent tous les jours étendront peut-être encore davantage les propriétés médicales déjà reconnues aux produits directs ou dérivés des Eucalyptus.

On composerait plusieurs volumes en réunissant les ouvrages qui traitent de la matière, et les brochures, mémoires ou articles de journaux publiés un peu partout, qui ont signalé l'action thérapeutique des Eucalyptus. Les uns et les autres ont pour auteurs un grand nombre de savants médecins de tous les pays, parmi lesquels on peut citer MM. Ahumada, Bernard, Berthelot, Bertherand, Bevilaqua, Bintz, Bordier, Boucquoy,

Bricheteau, Brunel, Bumoir, Carlotti, Carvallo, Castan, Cloez, Colin, Cosson, Curnow, Eydoux, Fedeli, Gimbert, Girou, Graves, Grisard, Gros, Gubler, Guilland, Interlandi, Keller, Lacaze, Laigne, Lambert, Langlet, Lanzi, Lorinser, Luciani, Luton, Malingre, Mantegazza, Marès, Martial, Michon, Miergues, Moroselli, Nicolas, Papillon, Pauly, Pain, Pini, Planchon, Reale, Renard, Righini, Robustelli, Roussel, Ruisinol, Sacchero, Schivardi, Sicard, Tedeschi, Thoget, Tristany, Trottier, Turrel, Vauquelin, Zagiell, et bien d'autres encore non moins savants dont les écrits ne sont pas venus à notre connaissance. Ils démontrent l'importance qu'on attache dans le monde médical aux services que les Eucalyptus ont déjà rendus en thérapeutique et surtout à ceux qu'ils pourront rendre par la suite quand toutes leurs propriétés seront mieux connues et appréciées.

X. — Climatologie spéciale aux Eucalyptus.

Si nous comparons le climat des provinces méridionales de l'Australie et surtout de la Tasmanie avec celui de l'Europe, nous trouverons des différences caractéristiques qui ne tiennent pas seulement à la latitude ni à l'altitude. C'est ainsi, par exemple, qu'en Tasmanie, sous le 43e degré de latitude et dans une région peuplée d'Eucalyptus, l'Olivier ne fructifie pas et la Vigne ne peut pas partout y mûrir ses raisins. Nous voyons pourtant qu'en France l'Olivier fructifie et mûrit ses fruits jusqu'à la hauteur de Montélimar (Drôme), c'est-à-dire sous la latitude beaucoup plus septentrionale de 44° 33'.

Pour la Vigne, la différence est encore plus grande puisque la culture de ce précieux arbuste, difficile en Tasmanie sous le 43e parallèle, est encore possible dans les vallées du Rhin et de la Meuse jusque vers le 50e degré de latitude. On ne se rend pas compte tout d'abord de cette anomalie fort étrange, et, si l'on compare les moyennes annuelles des deux régions, on ne se l'explique pas davantage. Pourtant les Eucalyptus et beaucoup d'autres plantes relativement frileuses sont indigènes en Tasmanie, alors qu'elles ne résistent pas à Montélimar et encore moins sur les bords du Rhin.

Mais si, au lieu de nous borner à consulter les températures moyennes, qui disent peu de chose en climatologie végétale, nous observons au contraire les températures extrêmes, nous verrons alors qu'en Tasmanie les hivers sont beaucoup moins froids qu'en Europe à latitude et altitude égales ; nous verrons aussi que les étés sont infiniment moins chauds, et que par conséquent la Vigne ne trouve pas pendant la saison estivale une somme de chaleur suffisante pour que les raisins puissent arriver à complète maturation.

Ceci nous démontre qu'en essayant la naturalisation des Eucalyptus dans une région déterminée, nous devrons tenir compte, non pas seulement de la température moyenne de l'année, mais surtout des extrêmes minima de l'hiver. On pourra cultiver avec succès un certain nombre d'espèces dans les régions dont les minima en hiver ne descendent guère au-dessous de — 6° ou de — 8°. Et encore verrons-nous dans le chapitre suivant, qu'en choisissant des espèces moins frileuses ou en pratiquant une sélection intelligente, il sera souvent possible de réussir au delà de cette limite extrême.

Nous avons vu aussi qu'à température égale, les effets du froid pourront être plus ou moins funestes en raison de sa durée, de l'humidité relative de l'air et de plusieurs autres circonstances que nous avons ailleurs[1] examinées avec soin.

C'est ainsi, pour ne citer qu'un exemple, qu'en février 1864 et par un froid de — 12° 2, sur 53 espèces australiennes plantées dans notre jardin près de Montpellier, 28 périrent complètement, 9 souffrirent plus ou moins et 16 seulement résistèrent assez bien ; tous les Eucalyptus essayés jusque-là gelèrent jusqu'au pied. Cependant d'autres expériences faites dans des conditions différentes ont démontré que quelques-unes de ces espèces ont pu dans certains cas supporter des températures plus basses,

[1] Le lac Majeur et les îles Borromée, pag. 35 à 57.

tandis que dans d'autres cas elles souffraient beaucoup plus par des froids pourtant moins intenses.

En décrivant d'abord l'indigénat et ensuite la culture des Eucalyptus, nous avons donné de nombreux détails sur la climatologie générale du genre et ensuite sur celle plus particulière à chaque espèce, soit à l'état indigène, soit à l'état cultivé. Nous n'y reviendrons pas ici, parce qu'on pourra recourir à ce que nous en avons dit, pour avoir, sous ce rapport, des renseignements plus détaillés.

Toutefois la description que nous avons faite de l'aire géographique de la culture des Eucalyptus nous a révélé un fait curieux qui n'aura pas échappé à la sagacité des personnes qui s'occupent d'acclimatation et qu'il est bon de rappeler. En France et vers le 43e degré, les Eucalyptus ne peuvent supporter aucunement le climat de Barèges et de Cauterets dans les Pyrénées, alors qu'en Tasmanie, à une altitude égale et sous une latitude correspondante, les Eucalyptus couvrent les montagnes de leurs immenses forêts.

D'autre part, et comme nous l'avons vu aussi, ces mêmes Eucalyptus résistent souvent assez bien et quelquefois même complètement sur divers points du Finistère, des Côtes-du-Nord, de la Manche, du Calvados et de la Seine-Inférieure ; il en est de même, non seulement dans le Cornwal, le Devonshire et les autres provinces méridionales de l'Angleterre, mais encore jusqu'aux environs d'Edinburgh en Écosse, c'est-à-dire sous le 56e degré de latitude nord. Nous avons expliqué déjà qu'il existe sur ce point un *E. Gunnii* de plus de 20 mèt. de haut, dont le tronc ne mesure pas moins de 3 mèt. de circonférence, et qui depuis quarante ans brave la rigueur des hivers. Il rencontre là un milieu climatérique infiniment plus favorable qu'à Cauterets ou à Barèges, qui sont placés pourtant à 13 degrés plus près de l'équateur.

Nous retrouvons encore ici, comme au lac Majeur et au lac de Côme, d'autres oasis méridionales perdues au milieu d'éléments septentrionaux. Nous avons déjà expliqué [1] les raisons physiques

[1] *Ibid.*, pag. 9 à 13.

qui expliquent ces effets exceptionnels, et il est intéressant d'en rencontrer, quoique sous une autre forme, des exemples non moins remarquables ; ils caractérisent ce climat spécial, à la fois chaud et humide, et auquel pour cette raison nous avons proposé de donner le nom de *Climat hygrothermique*[1].

On a généralement expliqué la douceur du climat du littoral nord-ouest de la France, ainsi que de la partie méridionale de l'Angleterre et de ce point de l'Écosse situé à l'embouchure de la Forth, par l'influence qu'exercerait le Gulf-Stream, ce grand courant marin dont les eaux, se réchauffant dans les régions équatoriales et contournant ensuite le golfe du Mexique, traverseraient l'Atlantique pour venir lécher les côtes de France et d'Angleterre. Cette influence s'exercerait de plusieurs manières :

1° Le courant marin, longeant les terres européennes, transmettrait par son contact une partie de son calorique à l'atmosphère ambiante, qu'il réchaufferait d'autant, et, comme son approvisionnement se renouvellerait sans cesse, il exercerait une influence sensible sur la température de la région côtière ; il est facile de comprendre que dans ce cas son action diminuerait considérablement d'intensité, au fur et à mesure qu'on s'éloignerait de la mer.

2° Cette transmission constante de calorique produite par la température plus élevée de l'eau de la mer mise en contact avec les couches inférieures de l'air, amènerait alors et surtout en hiver un dégagement considérable de vapeurs qui resteraient en suspension dans l'atmosphère sous la forme de brouillards. Ceux-ci constitueraient un écran efficace qui arrêterait l'action du rayonnement et empêcherait de se produire un refroidissement trop rapide de l'atmosphère. Il est facile de comprendre que ces brouillards exerceraient de moins en moins leur action au fur et à mesure qu'on s'éloignerait de l'Océan, d'où ils seraient sortis.

3° Le Gulf-Stream entraînerait avec lui un courant d'air chaud

[1] Le lac Majeur et les îles Borromée, pag. 47, 48 et 67.

qui constituerait le vent dominant sur les côtes de la Manche, et qui exercerait dès lors sa part d'influence en contribuant aussi à élever la température des couches atmosphériques.

Ce courant d'air chaud n'étant pas dévié, comme le courant marin, par le cordon littoral, doit nécessairement exercer son action à d'assez grandes distances dans l'intérieur des terres ; il ne pourrait être sérieusement arrêté dans sa course que par une chaîne de montagnes qui lui barrerait le chemin. L'immense plaine comprise entre la Bretagne et Paris n'offre sous ce rapport aucun obstacle sérieux, et les chaînes de collines du Maine ou de la Normandie ne sont pas assez élevées pour arrêter les vents venant de l'Ouest-Sud-Ouest. Par conséquent, l'influence de ce courant atmosphérique doit nécessairement se faire sentir, et se fait sentir effectivement jusqu'à Paris et même au delà dans toute la Champagne.

Si ce courant d'air chaud était la seule cause de la douceur de la température sur les bords de la Manche, comme M. Georges Pouchet[1] l'a supposé, il nous semble qu'il ne devrait pas y avoir de différence appréciable entre le climat de Cherbourg et celui de Paris ou de Reims, tandis que cette différence est, par le fait, très grande. On comprend fort bien en effet que ce courant atmosphérique qui vient de l'Atlantique, quoique devenant le vent dominant dans toute cette vaste région, n'est pourtant pas absolument constant. Il peut à certains moments être combattu par des courants contraires qui prennent momentanément le dessus, et en hiver surtout le vent tourne quelquefois au Nord ou au Nord-Est ; alors la température s'abaisse considérablement, et le froid, à Paris ou en Champagne, peut devenir rigoureux et même parfois très rigoureux.

Puisque ces vents froids n'exercent pas les mêmes effets à Roscoff et à Cherbourg qu'à Paris et à Reims, il faut bien supposer que le courant d'air chaud ne doit pas agir tout seul, et qu'il doit y avoir d'autres causes qui viennent exercer leur in-

[1] *La légende du Gulf-Stream*. Journal *le Siècle*, 5 juillet 1885.

fluence en empêchant l'atmosphère de se refroidir autant dans le premier cas que dans le second. Jusqu'à preuve du contraire, nous inclinons à croire que les causes indiquées ci-dessus, agissant de concert, produisent ensemble cet effet surprenant de faire gagner comme climature hivernale, ainsi que nous l'avons constaté, une différence équivalente à 13 ou 14 degrés de latitude.

Les plantes, en effet, sont des thermomètres qui ne trompent pas, et si les sujets d'une même espèce d'Eucalyptus résistent au froid à Edinburgh, alors qu'ils gèlent à Tarbes, il faut évidemment que les froids extrêmes des hivers soient moins rigoureux à Edinburgh qu'à Tarbes. Il y a pourtant entre ces deux points une différence d'un peu plus de 13 degrés de latitude.

La résistance des plantes exposées au froid nous démontre également que les hivers sont moins rigoureux à Roscoff et à Cherbourg qu'à Foix et à Toulouse, qui sont beaucoup plus rapprochés de l'équateur, puisque la différence de latitude est de près de 7 degrés. Il est vrai que ces deux dernières villes sont placées dans l'intérieur des terres. La comparaison, même avec Montpellier, serait à l'avantage de Cherbourg, et cependant Montpellier est placé à peu de distance de la mer.

Les observations météorologiques nous indiquent aussi que dans les parties du nord-ouest de la France où peuvent vivre les Eucalyptus, la chaleur est sensiblement moins grande en été qu'à Paris, Reims, Nancy, Metz, ainsi qu'une foule d'autres localités placées à peu près sous la même latitude et où cependant les Eucalyptus ne résistent pas. La différence est encore plus grande si l'on établit la même comparaison avec les localités du midi de la France que nous avons également indiquées.

Si, d'autre part, nous comparons les étés de la Tasmanie avec ceux de Cherbourg, Jersey, Exeter et Edinburgh, nous retrouvons des équivalences climatériques qui se correspondent à peu près exactement, sous des latitudes pourtant bien différentes. Aussi, de même qu'en Tasmanie, les Oliviers résistent au froid, mais ne mûrissent pas leurs fruits sur chacun de ces points, et la Vigne, non plus, ne peut aucunement y être cultivée avec succès.

On voit donc qu'il existe une grande analogie de climat entre deux régions situées dans des hémisphères différents et sous des latitudes qui sont loin d'être égales ou correspondantes. Cette analogie est caractérisée d'une façon certaine par une végétation commune dans les deux cas, au moins pour un certain nombre d'espèces, et dont les Eucalyptus sont les plus précieux représentants.

XI. — Acclimatation par sélection des espèces d'Eucalyptus.

Quand on examine dans son ensemble l'œuvre incomparable de la Création, on est émerveillé en admirant cette prodigieuse multiplicité de formes diverses qui la caractérisent ; elle a permis déjà de distinguer entre elles, et de manière à ne pas les confondre, les innombrables espèces très différentes les unes des autres, qu'elles appartiennent au règne animal ou au règne végétal. Et pourtant, si de l'ensemble nous descendons dans les détails et que nous considérions isolément une seule de ces espèces, nous serons encore plus surpris de trouver une diversité non moins grande entre les nombreux sujets qui lui appartiennent.

Qui n'a pas remarqué, par exemple, parmi les millions d'individus appartenant à l'espèce humaine, cette prodigieuse diversité du visage qui nous permet de reconnaître un homme parmi tous les autres ? Si nous ne saisissons pas aussi bien les différences existant entre les sujets de chacune des autres espèces, qu'elles soient animales ou végétales, c'est évidemment que nous n'y regardons pas d'assez près. Un exemple bien connu le démontrera surabondamment : Quand nous voyons passer un troupeau d'une centaine de moutons, si nous regardons successivement toutes les bêtes qui le composent, c'est à peine si nous pourrons trouver des différences pour quelques rares individus ; les neuf dixièmes pour le moins nous paraîtront exactement semblables. Et pourtant le berger, qui les voit tous les jours et qui a souvent besoin de les distinguer, reconnaîtra sans hésiter chacun de ses moutons et ne prendra jamais l'un pour l'autre. Il serait facile de multiplier à l'infini les exemples de même nature.

C'est donc l'observation attentive qui nous fait défaut quand nous ne saisissons pas les différences qui existent entre les individus d'une même espèce. Elles ont frappé de tout temps les observateurs intelligents qui ont étudié les conditions dans lesquelles ces variations se produisent et s'écartent du type représentant l'espèce d'où tous ces individus sont issus.

Prenons par exemple une espèce végétale quelconque, semons-en les graines et examinons avec soin les uns après les autres les nombreux sujets qui proviennent de ce semis ; nous remarquerons bientôt entre eux des différences assez sensibles et parfois même fort importantes. Elles se manifesteront tantôt dans la précocité du développement ou dans la taille et le port de la plante, ou bien dans la contexture et la teinte du feuillage; d'autres fois dans la couleur, la forme et la saveur du fruit ; enfin, d'une manière générale, dans tout ce qui constitue l'ensemble de l'individualité de chaque sujet.

Mais, pour si grandes que soient les variations spécifiques, quoique même parfois elles se montrent aussi nombreuses que les individus, on reconnaîtra cependant chez tous les sujets issus d'une même espèce plusieurs liens de parenté, se manifestant par autant de caractères essentiels qui seront les mêmes pour tous et qui indiqueront une origine commune. Donc, tous les individus issus d'une même espèce auront toujours entre eux certains caractères essentiels qui leur seront communs et qui les rattacheront au type spécifique qui les a produits.

D'autre part, si nous considérons comment ces mêmes variations spécifiques s'éloignent du type d'où elles sont issues, nous remarquerons qu'elles s'en écartent en divergeant dans tous les sens, mais qu'elles sont toujours circonscrites dans des limites déterminées. En d'autres termes, chacun des sujets provenant d'une même espèce se distinguera des autres par des caractères spéciaux qui lui sont particuliers et qui seront parfois excessivement variables d'un individu à un autre ; il pourra s'éloigner plus ou moins de ce même type pris comme centre spécifique, sans sortir toutefois d'un cercle déterminé dont la circonférence constituera le périmètre véritablement limitatif de l'espèce.

Considérées dans leur ensemble, les variations spécifiques susceptibles de se produire constituent, sous le rapport utilitaire, tantôt une amélioration, mais souvent aussi une dégénérescence. Elles ont montré qu'il était possible d'obtenir des variétés qui présentaient des caractères spéciaux dont on pouvait tirer parti, et telle est l'origine de la plupart de nos meilleures qualités de fruits. Mais, en semant les graines de ces variétés précieuses, on s'est bientôt aperçu qu'elles avaient encore moins de fixité que l'espèce type. Aussi a-t-il été nécessaire de les multiplier par la greffe ou par le bouturage, afin de conserver les qualités qui les distinguent dans toute leur intégrité.

Le besoin d'amélioration constante devient une nécessité de plus en plus impérieuse chez les nations civilisées. Nous aurions de la peine aujourd'hui à nous contenter des légumes dont nos ancêtres se nourrissaient et des variétés fruitières dont ils faisaient autrefois leurs délices. Aussi les exigences de notre civilisation nous ont-elles poussés de plus en plus à améliorer, non seulement les animaux dont nous nous nourrissons, ainsi que ceux qui nous rendent tant de services domestiques, mais encore bon nombre de végétaux qui servent à notre alimentation ou qui contribuent à l'ornementation de nos jardins.

De là est née l'idée de la sélection. Celle-ci a toujours un but utile, celui de perfectionner l'espèce type dans un sens déterminé. Si, par exemple, nous prenons le Radis ou la Carotte à l'état sauvage, la sélection aura évidemment pour objet de rendre la racine plus charnue et par conséquent plus abondamment alimentaire. En choisissant chaque fois les sujets dont les racines sont les moins coriaces et en semant les graines qu'ils produiront, nous obtiendrons une amélioration constante à chaque nouvelle génération, et la sélection s'opérera ainsi progressivement. Esprit Fabre avait essayé de démontrer par ce moyen quelle était l'origine du blé cultivé. De son côté, Louis de Vilmorin avait publié les résultats des belles expériences de sélection qu'il avait faites pour rechercher l'origine des principales de nos espèces potagères, expériences qui ont été continuées par son fils avec une louable persévérance ; ils ont montré l'un et l'autre la voie dans laquelle ils ont été bientôt suivis par beaucoup d'autres expérimentateurs.

La sélection artificielle a été surtout opérée avec intelligence pour améliorer et perfectionner la qualité d'un produit agricole ou horticole. Nous pensons qu'elle peut aussi avoir pour but un tout autre objet, celui par exemple d'obtenir d'une espèce déterminée des sujets résistant mieux au froid que ne le ferait le type spécifique d'où ils sont issus.

En observant soigneusement la résistance au froid d'une espèce quelconque, pendant une série continue de quinze ou vingt années, on pourra déterminer la température minima extrême que cette espèce est capable de supporter ; livrée à elle-même, celle-ci ne s'écartera guère de la limite indiquée tant que les conditions de milieu ne seront pas changées. Mais il nous semble qu'il pourrait ne plus en être de même si, par une sélection intelligente agissant sur un certain nombre de générations successives, et en choisissant chaque fois les sujets qui se seraient montrés les plus résistants au froid, on modifiait petit à petit le degré de cette résistance, qui augmenterait ainsi progressivement. Nous croyons toutefois qu'elle resterait toujours confinée en deçà d'une limite déterminée, particulière à l'espèce sélectionnée, et qu'elle ne pourrait jamais dépasser.

On voit que nous touchons ici de très près à l'un des plus intéressants problèmes de l'acclimatation. Nous avons souvent entendu dire, même par des naturalistes distingués, que l'acclimatation, en ce qui concerne les végétaux, n'avait qu'une application restreinte ; que, s'il était possible quelquefois de naturaliser un végétal exotique, c'est-à-dire de le faire vivre dans des conditions de milieu à peu près correspondantes à celles de son pays natal, on ne pouvait pas réduire dans une certaine mesure les exigences climatériques et culturales de ce même végétal. L'Olivier, par exemple, qui est cultivé depuis de nombreux siècles, s'est parfaitement naturalisé dans les régions du midi de la France et de l'Italie, où il mûrit complètement ses fruits ; mais on ne peut pas dire qu'il s'y soit réellement acclimaté, puisqu'il n'est pas moins sensible au froid aujourd'hui qu'il ne l'était il y a trois mille ans ; on pourrait ajouter qu'il en est de même de tous les autres végétaux.

Considérée dans ses rapports avec l'espèce végétale à l'état indigène, cette règle est à peu près générale ; elle ne comporte en effet que de rares exceptions, quand on laisse chaque espèce livrée à elle-même. Mais de nombreuses observations que nous avons poursuivies ou contrôlées pendant de longues années nous permettent de supposer qu'il n'en est plus de même dans la culture et que, si nous soumettons une espèce végétale déterminée à une sélection intelligente, il sera possible de l'acclimater réellement dans de certaines limites. Il y a là un champ immense dans lequel peut s'exercer l'acclimatation et où celle-ci est appelée à nous rendre des services considérables. Et ici il convient de distinguer entre la sélection naturelle et la sélection artificielle.

Nous avons essayé jusqu'à ce jour plus de 70 espèces d'Eucalyptus, et l'expérience a été faite chaque fois dans des conditions de milieu absolument identiques. La nature du sol a commencé par produire une sélection naturelle, en affaiblissant ou faisant même périr les espèces dont le terrain dans lequel les sujets étaient plantés ne pouvait leur convenir. Puis les hivers rigoureux ont fait périr successivement les espèces trop sensibles au froid. Quelques-unes aussi ont été sélectionnées par la chaleur des étés ou par une exposition mal appropriée.

Malheureusement cette sélection, naturelle quand elle s'opérait par la nature du sol, éliminait souvent des espèces réputées très résistantes au froid, de sorte qu'étant obligés à compter avec un sol de nature peu favorable à ces dernières espèces, nous avons dû nous rabattre sur d'autres, moins exigeantes sous ce rapport, mais aussi un peu plus frileuses.

L'espèce connue un peu partout sous le nom impropre d'*E. resinifera* ou de *Red-Gum*, mais qui n'est qu'une forme de l'*E. rostrata*, s'est montrée l'une des moins difficiles sur la nature du sol et nous a paru la plus avantageuse à cultiver dans le milieu où nous opérions. Malheureusement elle est assez sensible au froid, et quelques sujets, dans notre arboretum de Lattes, étaient éprouvés plus ou moins presque chaque hiver. C'est alors que nous eûmes l'occasion de remarquer au Polygone du Génie, près de Montpellier, une plantation assez importante de sujets de cette espèce. A la suite de l'hiver 1879-80, M. le capitaine Guery rendit compte [1] des effets du froid sur les arbres de cette plantation. Quoique le thermomètre placé tout à côté eût indiqué seulement — 8°,2 comme extrême minima, M. Guery avait remarqué, et nous avions pu le constater aussi, que plusieurs pieds avaient gelé complètement; les autres avaient dû être recépés à différentes hauteurs ; mais la plupart repoussèrent vigoureusement. Parmi ces derniers, quelques-uns avaient moins souffert ; aussi, dans une nouvelle visite faite deux ans après, nous pûmes remarquer que trois de ces arbres s'étaient déjà reconstitués et qu'ils commençaient même à fructifier. C'étaient, à n'en pas douter, les sujets les plus vigoureux et surtout les moins frileux de la plantation. Aussi pensâmes-nous qu'il y aurait avantage à les choisir de préférence pour faire souche d'une race plus résistante au froid que la plupart des sujets de cette espèce. L'expérience est venue confirmer cette hypothèse, et nous avons vu, l'hiver dernier, des sujets de différents âges provenant de graines récoltées sur ces trois arbres qui ont supporté sans souffrir aucunement un minima de — 13°.

Voilà donc une espèce dont quelques individus ont gelé entièrement par un froid de — 8°,2, alors que d'autres sélectionnés

[1] *Bulletin de la Société d'Horticulture et d'Histoire naturelle de l'Hérault*, 1880, pag. 150.

artificiellement ont résisté à — 13°. Est-il téméraire d'espérer, d'après cela, qu'en continuant l'expérience pendant quelques autres générations et en poursuivant dans le même sens la sélection de cette espèce, on arriverait à obtenir des sujets capables de résister à des froids encore plus rigoureux ? Nous pensons que la chose n'est pas impossible et qu'en tout cas elle mérite d'être expérimentée.

Si, au lieu d'opérer avec une espèce relativement frileuse, comme l'*E. rostrata*, on traitait par la sélection les espèces qui craignent le moins le froid, telles que les *E. alpina*, *urnigera*, *coccifera*, *coriacea*, *cordata*, *Gunnii*, *vernicosa*, *viminalis*, etc., leur résistance devrait nécessairement en être encore augmentée. Mais il faudrait alors expérimenter dans les sols volcaniques, granitiques ou tout au moins siliceux, que la plupart de ces espèces exigent, comme nous l'avons vu au cours de cette étude. Peut-être obtiendrait-on alors des races encore moins frileuses, susceptibles de supporter les hivers d'une partie du territoire français et peut-être aussi réaliserait-on l'espérance de M. G. Schmid[1], qui voudrait introduire les Eucalyptus dans les cantons suisses du Valais et du Tessin.

Cet exemple n'est pas isolé ; il est confirmé par plusieurs autres observations tout aussi intéressantes, ainsi que par celles que nous avons pu faire pendant ces vingt-cinq dernières années. Ces observations pourraient peut-être expliquer la résistance à Lattes, pendant l'hiver 1870-1871, d'un Eucalyptus que M. Naudin avait désigné sous le nom provisoire d'*E. Lattensis* et qui avait supporté — 18° sans souffrir aucune atteinte. Malheureusement le sol ne lui convenait pas, et, quoique déjà fort, cet arbre a dépéri peu à peu sans être venu à fructification.

On voit donc, d'après cela, qu'il serait utile de poursuivre dans cet ordre d'idées plusieurs autres séries d'expériences ; elles nous montreraient ainsi, pour chaque espèce, la limite extrême du froid qu'elle est susceptible de supporter. Ces expériences, pour des

[1] *Die Volkswirtschaftliche Bedeutung der Eucalypten.*

espèces utiles à propager, pourraient avoir des conséquences considérables, en permettant la culture de végétaux qu'on ne croyait pas possible jusque-là. C'est alors plus que jamais que l'acclimatation deviendrait une véritable science dont les découvertes seraient appelées à rendre de grands services par leurs applications à l'agriculture et même à l'industrie.

XII. — Culture des Eucalyptus.

Nous avons successivement indiqué, dans la plupart des chapitres de cette étude, de nombreux détails souvent fort circonstanciés sur la culture des Eucalyptus, et leur ensemble nous paraît constituer à peu près tout ce que nous avions de plus essentiel à dire sur ce sujet. Nous nous bornerons donc à les compléter, en ajoutant quelques renseignements sur le semis, le repiquage et la mise en place des jeunes arbres. Sans chercher à faire de l'érudition en décrivant tous les procédés préconisés un peu partout, nous indiquerons seulement celui qui nous a le mieux réussi, celui par conséquent que nous pouvons recommander comme résulant de l'expérience que nous en avons faite.

Les graines d'Eucalyptus récoltées dans le courant de l'été ou de l'automne, et conservées dans un lieu sec, doivent être semées au mois de mars de l'année suivante ; on peut le faire sous châssis, mais les semis en terrines et en plein air nous ont généralement donné de bons résultats. Il convient de mettre quelques tessons pour recouvrir les trous de la terrine et d'ajouter un peu de sable pour assurer une bonne perméabilité ; puis, on la remplit avec une terre légère et substantielle, telle que de la terre de bruyère mêlée avec un terreau bien nourri. Après avoir nivelé et tassé la terre, on sème la graine, que l'on recouvre légèrement avec du sable fin ou du terreau léger bien tamisé. Il convient de bassiner souvent, de façon à maintenir la terre toujours humide, sauf à modérer ensuite les arrosages une fois que les graines ont levé.

Le plant ainsi soigné peut avoir de $0^m,08$ à $0^m,12$ et même

$0^m,20$ vers la fin de juillet, époque à laquelle il convient de le repiquer en godets, en effectuant cette opération dans un endroit aussi frais que possible. C'est ici qu'on appréciera l'avantage du semis en terrines, parce qu'en retournant celles-ci on pourra enlever un à un les jeunes plants avec tout leur chevelu au fur et à mesure de leur plantation ; les racines, encore très tendres, ne resteront ainsi qu'un instant au contact de l'air et n'auront pas le temps de souffrir. Il convient d'arroser copieusement les jeunes plants dès qu'ils sont plantés et de les tenir pendant quelques jours sous châssis ou tout au moins à une exposition bien ombrée et absolument abritée du vent.

Généralement, grâce aux précautions que nous venons d'indiquer, la reprise s'effectue très facilement, et quand la végétation s'arrête, c'est-à-dire à l'entrée de l'hiver, on possède de nombreux sujets mesurant de $0^m,30$ à $0^m,50$ de hauteur, quelquefois même davantage, qui se trouvent dans d'excellentes conditions pour être mis en place au printemps suivant.

Il y a quelques précautions à prendre pour conserver les jeunes Eucalyptus pendant l'hiver. Si les pots sont laissés hors de terre, on s'expose au double inconvénient de pourrir les plantes si on les arrose trop, ou bien de les laisser se dessécher si l'arrosage est tant soit peu négligé. Ces inconvénients seront évités en grande partie en enterrant les pots dans du sable ou de la terre légère, de manière à ce que leur bord en soit recouvert. Pour assurer un bon drainage, on fera bien, après avoir mis le pot provisoirement en place, de le soulever et de faire dans le sol au-dessous de l'orifice du vase, avec le doigt ou une petite cheville, un trou qui permettra à l'excès d'humidité du vase de s'écouler facilement.

Il faudra aussi mettre les jeunes Eucalyptus à l'abri du vent et du froid. Il est prudent de ne les laisser en plein air que dans les pays où il ne gèle pas ; mais dans les autres, ce qui est presque toujours le cas, on devra, en hiver, les tenir sous châssis, à une bonne exposition et en ajoutant des paillassons si c'est nécessaire. Il convient de soulever les châssis pour bien aérer toutes les fois que la température le permet, c'est-à-dire excepté quand il gèle ou que le vent est à redouter.

La mise en place doit se faire au printemps, en mars ou en avril, selon les climats, quand on n'a plus à craindre les grosses gelées, dans un sol bien préparé et défoncé à l'avance aussi profondément que possible.

Si les sujets ainsi obtenus et conservés dépassent $0^m,25$ à $0^m,30$ de haut, il y aura avantage à les rabattre à cette hauteur en pinçant l'extrémité au moment de la plantation. On fera mieux de ne pas attendre jusque-là et d'effectuer ce pincement dès le mois d'août ou de septembre, dès que les plants ont atteint cette hauteur. Cette pratique est de beaucoup préférable à l'emploi des tuteurs, en évitant les nombreux inconvénients de ces derniers.

Pour extraire les Eucalyptus de leurs pots sans briser leur motte, il faut prendre le jeune sujet entre l'index et le médian, ces deux doigts retenant le pot ; puis, renversant celui-ci, on frappera légèrement son bord sur un objet résistant, comme, par exemple, le bout du manche d'une bêche placée verticalement en terre. De cette façon, la motte se détachera entière assez facilement et le plant devra être mis de suite à sa place définitive.

Au lieu de semer en terrines et de repiquer en pots, on pourrait employer des cadres en bois sous forme de tiroirs d'environ $0^m,10$ de haut, $0^m,50$ de large et $0^m,60$ ou $0^m,75$ de long, munis de poignées à leurs extrémités pour pouvoir les déplacer facilement. On les conservera longtemps si on les fait en bois d'Eucalyptus ou de Pin, et surtout si l'on a le soin de les peindre à chaud avec de l'huile pyrogénée ou du goudron, après les avoir préalablement sulfatés.

Ces cadres, dont le fond aura été perforé de nombreux trous, seront employés absolument comme les terrines pour le semis des graines d'Eucalyptus. D'autres semblables serviront aussi pour repiquer les jeunes plants à la distance de $0^m,08$ ou $0^m,10$ en carré. On pourra de la sorte transporter ces cadres en plein champ sur le lieu même de la plantation définitive ; en ôtant ensuite l'un des côtés qu'on aura rendu mobile, il sera facile d'enlever chaque sujet avec sa motte au moyen d'une houlette-plantoir et au fur et à mesure de la mise en place.

Après les pluies, on devra attendre, pour effectuer la plantation, que le sol soit convenablement ressuyé. Le terrain étant préalablement défoncé, il est inutile de préparer les trous à l'avance ; un homme armé d'une bêche et précédant le planteur fera d'un ou de deux coups de son instrument un petit trou suffisant pour placer la motte. Il sera utile que la terre serrée tout autour soit bien émiettée, et, si elle était trop compacte, on ferait bien de la mêler avec un peu de sable.

Deux ou trois litres d'eau assureront la reprise, et une bonne pelletée de fumier ou de varech placée sur le sol au pied de la plante entretiendra l'humidité ; il faudra arroser une deuxième et même une troisième fois huit à vingt jours après la plantation, si dans l'intervalle la pluie ne survient pas suffisamment abondante.

Nous ne saurions trop recommander ensuite de pratiquer en été des pincements successifs faits à l'état herbacé quand le jeune plant aura atteint d'abord $0^m,50$ ou $0^m,75$ et puis 1 mèt. ou $1^m,50$ de haut ; l'opération sera répétée à une ou deux reprises pendant l'année suivante. On obtiendra de la sorte des arbres trapus qui se défendront plus efficacement contre les vents et qui seront plus tard beaucoup moins exposés à être renversés.

Indépendamment de toutes les espèces d'Eucalyptus qui ont été déjà énumérées, on pourrait encore essayer les espèces suivantes : *E. ambigua*, *angustifolia*, *argentea*, *cneorifolia*, *costata*, *cupressiformis*, *elata*, *elongata*, *fasciculosa*, *gamophylla*, *glauca*, *globaia*, *grandiflora*, *grandis*, *granularis*, *hypericifolia*, *leptophleba*, *ligustrinum*, *Lindleyana*, *media*, *micrantha*, *miniata*, *mollissima*, *myrtifolia*, *Naudiniana*, *nutans*, *oblonga*, *obtusifolia*, *oppositifolia*, *orientalis*, *ovata*, *pallens*, *patentiflora*, *peltata*, *pendulosa*, *perfoliata*, *Planchoniana*, *platypodos*, *popularis*, *populnea*, *pulvigera*, *purpurescens*, *radiata*, *Raveretiana*, *reticulata*, *rigida*, *salicifolia*, *salmonophlœa*, *salubris*, *scabra*, *setosa*, *Sieberiana*, *sphærocarpa*, *stenophylla*, *tetragona*, *trachyphlœa*, *trachypoda*, *tremula*, *triantha*, *tuberculata*, *umbellata*, etc.

Il estd'ailleurs possible que certains de ces noms soient synonymes d'espèces déjà connues sous des noms différents. Nous devrons faire la même réserve relativement à la détermination nécessairement incertaine de laplupart des espèces dont il a été parlé au cours de cette étude. Le travail de classification que M. Naudin a entrepris a pour but de débrouiller cette synonymie, comme il l'a déjà fait pour 31 espèces dont il a pu constater l'identité spécifique au fur et à mesure que les sujets cultivés un peu partout en Europe et en Algérie ont fleuri et fructifié.

Quelques-unes de ces espèces sont en expérience à Lattes cette année et un certain nombre d'autres se trouvent déjà dans les collections Cordier et Trottier, près d'Alger. L'une d'elles, l'*E. Naudiniana*, vient d'être décrite comme espèce nouvelle par l'auteur de l'*Eucalyptographia*, M. Ferd. Müller (de Melbourne), qui l'a dédiée au savant directeur de la Villa Thuret. Ce n'était que justice, car M. Naudin a été l'un des premiers à faire pressentir d'abord et à démontrer ensuite l'utilité des Eucalyptus ; on peut ajouter que par ses écrits autant que par ses recherches scientifiques, il a contribué puissamment à en propager la culture dans tous les pays.

XIII.— Conclusions.

Grâce à la douceur exceptionnelle des hivers du littoral de la Provence depuis Saint-Raphaël jusqu'à Ventimille, grâce aussi à la diversité du sol de toute cette région, on peut dire que toutes ou presque toutes les espèces d'Eucalyptus sont susceptibles d'y prospérer. C'est à peine si quelques-unes, en fort petit nombre, s'y montrent trop frileuses ou sont incommodées par la chaleur, et encore celles qui sont les plus difficiles sous ce dernier rapport résistent-elles beaucoup mieux, grâce au voisinage de la mer, que dans l'intérieur des terres.

Le résultat est à peu près le même sur le littoral algérien et même dans quelques-unes des régions de l'intérieur de l'Afrique, ainsi que sur les côtes méridionales de l'Espagne, du Portugal, et d'une manière générale dans beaucoup d'autres contrées que nous avons déjà énumérées ; on réussira toujours, à la condition de mettre chaque espèce dans le sol qui lui convient et à l'exposition qui lui est nécessaire.

Toutefois les plantations faites sur de nombreux points où leur succès semblait tout d'abord assuré, n'ont pas donné partout, au moins jusqu'à présent, les brillants résultats qu'on avait espérés, et en quelques endroits elles ont même laissé parfois beaucoup à désirer.

C'est ainsi, par exemple, qu'ayant déjà visité, dès 1874, les plantations d'Eucalyptus faites alors en Italie, nous avons pu constater plus tard, au printemps de 1883, que la culture de cet arbre avait pris une très rapide extension dans toute la péninsule Italique pendant les neuf années qui venaient de s'écouler. Celles faites par grandes quantités avant cette dernière époque à Saint-Paul-Trois-Fontaines et dans les Maremmes toscanes venaient d'être éprouvées par le refroidissement inusité survenu en mars 1883. Ayant eu l'occasion d'en visiter à nouveau la plus grande partie, d'abord en avril et mai 1886 et ensuite en mai et juin 1887, nous avons pu nous rendre compte chaque fois que la plupart des sujets avaient considérablement souffert du froid pendant les hivers qui avaient précédé ; un assez grand nombre d'arbres avaient leurs feuilles desséchées et tombant en loques le long des rameaux, en présentant ainsi un aspect peu encourageant. Pourtant, en y regardant de près, il était facile de se convaincre que fort peu d'arbres étaient gelés entièrement et que tous ou presque tous avaient conservé une partie plus ou moins grande de leur tronc et même de leurs branches.

Il est utile de constater, à ce sujet, que l'Italie a eu à subir une suite non interrompue d'hivers exceptionnellement rigoureux, et il n'y a aucune raison à supposer qu'il en sera de même pendant les années qui vont suivre. Il n'est pas téméraire d'espérer au contraire que ce beau pays jouira maintenant d'une période moins inclémente et tout au moins normale. Alors les Eucalyptus plantés partout en grand nombre, et qu'on a été souvent obligé de recéper plus ou moins à plusieurs reprises pendant ces dernières années, repousseront vigoureusement et prendront un développement tel qu'ils se montreront par la suite beaucoup plus résistants.

Ce sera d'ailleurs le cas, là comme partout ailleurs, de mettre en pratique le moyen de sélection que nous avons décrit et auquel nous avons consacré un chapitre spécial : il consiste à récolter chaque fois les graines pour les nouveaux semis à faire, non pas sur tous les sujets indistinctement, mais seulement sur les pieds qui se seront montrés les moins sensibles au froid. Ce choix sera facile à faire à la suite des froids rigoureux que ces arbres ont eu à supporter depuis trois ou quatre ans.

Nous avons vu encore que la rigueur des hivers n'est pas le seul obstacle à la propagation de la culture des Eucalyptus. L'extrême chaleur des étés, la nature du sol et une foule d'autres causes peuvent compromettre le succès des plantations; il faudra donc, avant de les entreprendre, examiner d'abord attentivement les conditions de milieu dans lesquelles on se trouve placé, pour choisir ensuite les espèces qui offrent les plus grandes chances de succès.

M. Rivière[1] a mentionné quelques cas d'insuccès de la culture des Eucalyptus en Égypte, au Sénégal, au Gabon et même à Java. Nous en avons cité plusieurs autres qui nous ont été signalés par le R. P. Duparquet, et ce ne sont malheureusement pas les seuls. Il n'y a pas lieu de s'en étonner, et on pourrait même ajouter que des faits analogues se sont produits presque partout où l'on a essayé un certain nombre d'espèces de cet arbre intéressant. On a pu chaque fois constater que toutes les espèces, ainsi que nous l'avons déjà expliqué, ne prospèrent pas indifféremment dans tous les sols ; il en est qui exigent les ter-

1 *Bulletin mensuel de la Société nationale d'Acclimatation*, janvier 1885.

rains volcaniques, granitiques, schisteux, ou tout au moins siliceux, et qui ne tardent pas à dépérir dans les terrains calcaires.

Nous avons vu aussi que certaines espèces redoutent les chaleurs excessives, et nous avons pu l'expérimenter pour quelques-unes même sous le climat de Montpellier. A plus forte raison devrait-il en être de même dans les régions brûlantes, comme l'Égypte, le Sénégal, le Gabon et Java.

De ce que, sur un point déterminé, l'on éprouvera un échec avec un certain nombre d'espèces, il ne s'ensuit pas nécessairement que l'on ne puisse réussir avec d'autres espèces dont les exigences culturales permettent de se contenter d'un semblable milieu. Mais nous croyons qu'après le froid, la nature du sol est le plus souvent la question principale : nous avons constaté en effet que les espèces d'Eucalyptus réellement incommodées par une chaleur trop grande sont relativement peu nombreuses. C'est alors qu'on peut avoir recours, comme l'a très bien compris M. Rivière, aux espèces qui vivent à l'état indigène dans les régions les plus chaudes, et l'*E. Alba* de l'île de Timor, qu'il a citée avec raison, est évidemment l'une de celles-là. Il en est de même de l'*E. Abergiana*, de Rockingham-Bay, et des *E. tectifica*, *Decaisneana*, *platyphylla*, *moluccana*, etc., qui sont originaires des Moluques, des îles de la mer de Java et de celles de l'archipel de la Sonde. Elles peuvent s'ajouter aux *E. Baileyana*, *Phœnicea*, *Planchoniana*, *Raveretiana*, *terminalis*, *tesselaris* et aux autres espèces particulières au Queensland et à la partie nord de l'Australie septentrionale dont nous avons donné l'énumération à leurs places respectives.

On ne se doute généralement pas de la rapidité prodigieuse avec laquelle s'est développée la colonisation dans toute l'Australie. Ce n'est qu'en 1836 qu'elle a réellement commencé, puisque à cette époque il n'y avait guère plus de 25 hectares qui fussent cultivés. Le développement de l'agriculture dans ce pays a pris une telle extension, qu'aujourd'hui l'Australie exporte de nombreux millions d'hectolitres de blé et qu'elle possède maintenant près de dix millions de têtes de gros bétail, ainsi qu'environ cent millions de moutons, alors qu'elle n'en avait pas un seul il y a à peine cinquante ans. Et cela, sans compter ses vins, ses laines, ses cuirs et une foule d'autres produits agricoles qu'elle exporte par grandes quantités.

Nous ne pensons pas exagérer en affirmant que cette étonnante prospérité a été considérablement facilitée par les Eucalyptus, qui ont permis aux premiers colons australiens de trouver sous la main les bois qui leur étaient nécessaires pour les constructions, l'outillage, etc., ou dont ils avaient besoin pour le chauffage, sans compter tous les autres produits de cet arbre, dont ils ont su tirer le meilleur parti.

Aussi l'introduction des Eucalyptus et leur culture dans tous les pays où cet arbre est susceptible de résister, comptera comme l'une des plus remarquables parmi les plus utiles expériences agricoles de ce siècle ; « elle est », comme l'a dit avec raison M. Naudin, « l'une de celles qui laisseront le plus sûrement des traces dans l'avenir ». Nous ajouterons que les services de toute nature qu'elle est appelée à nous rendre peuvent légitimement nous faire espérer qu'on en appréciera de plus en plus ses avantages, et que la culture de cet arbre précieux prendra une extension toujours plus considérable.

EUCALYPTUS.

Liste des noms d'Espèces ou de Variétés cités dans cet ouvrage.

Abergiana. 126, 196
acervula. 58
acmenioides. 45
alba. 24, 126, 196
albens. 33, 39
alpina. 82, 83, 97, 110, 119, 166, 168, 188
ambigens. 113
ambigua. 192
amygdalina. 21, 31, 32, 33, 37, 39, 69, 74, 77, 80, 82, 104, 108, 109, 112, 117, 147, 156, 157, 166, 169, 171, 172
amygdalina angustifolia. 109
amygdalina vera. 33, 112, 116, 117, 140
angustifolia. 192
argentea. 192

Baileyana. 134, 196
Behriana. 134
bicolor. 33, 39, 58, 166
botryoides. 33, 36, 45, 78, 80, 84, 106, 108, 111, 126, 147, 166
brachypoda. 48, 78, 84
buprestium. 134

calophylla. 37, 52, 77, 82, 84, 101, 108, 111
capitellata. 38, 128, 136, 172
cinerea. 112, 126
citriodora. 38, 45, 54, 58, 84, 119, 171, 172
cneorifolia. 192
coccifera. 71, 73, 78, 80, 82, 111, 117, 119, 140, 156, 157, 188
colossea. 21, 52, 76, 77, 107, 128, 147
concolor. 53, 78, 106
cordata. 74, 188
coriacea. 21, 33, 39, 69, 71, 73, 77, 80, 82, 107, 116, 119, 147, 154, 155, 188

cornuta. 52, 78, 80, 106, 126, 164, 166
corymbosa. 38, 78, 82, 169
corynocalyx. 58, 111
cosmophylla. 111
costata. 192
crebra. 39, 45, 48, 78, 84, 166
Cunninghami. 134
cupressiformis. 192

dealbata. 33, 39, 82
Decaisneana. 126, 196
decipiens. 53, 109
denticulata. 111
desertorum. 134
dichromophlœa. 134
diversicolor 21, 52, 76, 77, 82, 87, 107, 126, 166, 168, 169
diversifolia. 8, 89, 100, 103, 106, 124, 126
doratoxylon. 53
drepanophylla. 45, 166
dumosa. 78, 79, 82, 172

elata. 192
elongata. 192
erythrocorys. 53, 126
eugenioides. 84
eximia. 38
exserta. 82

fabrorum. 38
falcata 160
fasciculosa. 192
fibrosa. 84
ficifolia. 53, 83, 84, 111
fissilis. 21, 57, 77, 80, 82, 97, 104, 119, 166, 169, 171, 172
floribunda. 134

gamophylla. 192
gigantea. 30, 81, 129
glauca. 192

globata. 192
Globulus. 8, 9, 19, 30, 33, 39, 69, 72, 77, 80, 81, 82, 89, 90, 91, 94, 96, 100, 101, 103, 105, 106, 108, 109, 114, 116, 118, 123, 128, 129, 140, 147, 148, 149, 159, 160, 166, 168, 171, 172, 173
gomphocephala. 58, 111
goniocalyx. 33, 39, 58, 77, 80, 82, 119, 166, 169, 171, 172
gracilis. 78, 82, 106
grandiflora. 192
grandis. 192
granularis. 192
Gunnii. 72, 73, 77, 82, 110, 119, 126, 156, 157, 158, 178, 188

hemiphlœa. 39, 44, 78, 166
heterophylla. 128
hæmastoma 39, 44, 78, 82, 166
hypericifolia. 192

incrassata. 82
inophlœa. 36, 77, 82, 85

Kirtoniana. 134

largiflorens. 82
latifolia. 84
Laitensis. 188
Lehmanii. 79, 108, 119
leptophleba. 192
leptopoda. 134
leucadendron. 126
leucoxylon. 33, 36, 58, 77, 82, 85, 103, 106, 126, 166, 168, 169, 171
ligustrinum. 192
Lindleyana. 192
longifolia. 3?, 39; 77, 82, 106, 126, 169
loxophleba. 54

macrocarpa. 134
macrorrhyncha. 33, 166
macrophylla-Ricasoliana. 134
maculata. 38, 82, 111
mannifera. 79
marginata. 53, 77, 80, 82, 164, 166
Mazeliana. 192
media. 192
megacarpa. 54, 57, 78, 82, 111, 126
melanophlœa. 39, 45, 166
melanoxylon. 80
melliodora. 30, 37, 39, 77, 87, 106, 119, 147, 169
mellissiodora. 134
micrantha. 192
microys. 77, 80, 82, 169
microcorphylla. 134
microtheca. 54, 58, 77, 84, 111, 166
miniata. 192
mollissima. 192
moluccana. 126, 196
Mülleri. 113
myrtifolia. 192

Naudiniana. 192, 193
nutans. 192

obcordata. 162
obliqua 8, 19, 30, 39, 69, 74, 77, 81, 82, 107, 128, 156, 166, 168, 169, 171, 172
oblonga. 192
obtusifolia. 192
occidentalis. 54, 78, 87, 106, 126, 169
odorata. 37, 57, 78, 82, 169, 171, 172
oleosa. 33, 78, 82, 84, 171, 172
oppositifolia. 192
orientalis. 192
ovata. 192

pachyphylla. 48
pallens. 192
paniculata. 39, 57, 58, 78, 166
patens. 54
patentiflora. 192
pauciflora. 71, 154, 156, 172
peltata. 192
pendula. 58
pendulosa. 192
perfoliata. 192
persicifolia. 58, 85, 171, 172
Phœnicea. 196
pilularis. 39, 45, 49, 78, 84, 166
piperita. 33, 39, 172
Planchoniana. 192, 196
platyphylla. 126, 196
platypodos. 192
platypus. 54, 82
polyanthema. 36, 45, 49, 77, 108, 128, 147, 156, 157, 166
polyanthemos. 36, 157

popularis. 192
populifolia. 49, 119, 128
populnea. 192
porosa. 100
Preissiana. 126
pulverulenta. 38
pulvigera. 192
punctata. 45
purpurescens. 192

quadrilata. 111

radiata. 192
Raveretiana. 192, 196
redunca. 134
regnans. 134
resinifera. 37, 78, 82, 84. 104, 113, 118, 128, 132, 147, 166, 187
resinifera vera. 112
reticulata. 192
rigida. 192
Risdoni. 73, 78, 80, 82, 110, 118, 119, 126, 156
robusta. 33, 39, 74, 80, 82, 84, 87, 100, 107, 128, 136, 147, 166, 169
rostrata. 13, 33, 37, 58, 77, 80, 82, 84, 87, 104, 107, 113, 114, 117, 118, 119, 120, 121, 126, 128, 132, 147, 159, 166, 169, 171, 172, 187, 188
rostrata var. Teuterfield. 132
rudis. 54, 111, 126

salicifolia. 192
saligna. 38, 82, 100
Salmonophlœa. 192
Salubris. 192
santalifolia. 106
scabra. 192
setosa. 192
siderophlœa. 39, 44, 77, 166
sideroxylon. 82, 86, 147, 166, 169, 171, 172
Sieberiana. 192
Smithiana. 111
socialis. 78, 82
spectabiils. 111
sphærocarpa. 192
splachnicarpon. 52
stellulata. 38, 82
stenophylla. 192
stricta. 111
Stuartiana. 21, 31, 37, 39, 58, 69, 74, 77, 80, 128, 169
Stuartiana var. longifolia. 31
suberosa. 112

tectifica. 126, 196
tereticornis. 37, 39, 45, 77, 80, 100, 106, 126, 147, 166
terminalis 82, 196
tesselaris. 45, 49, 59, 196
tetragona. 192
tetraptera. 126
tetrodonta. 49, 78, 84, 169
trachyphlœa. 192
trachypoda. 192
tremula. 192
triantha. 192
tuberculata. 192

umbellata. 192
uncinata. 82
undulata. 134
urnigera. 73, 78, 82, 117, 118, 147, 156, 157, 188

vernicosa. 74, 78, 82, 188
viminalis. 32, 39, 49, 58, 59, 69, 74, 77, 79, 80, 84, 97, 100, 104, 112, 119, 128, 147, 155, 156, 158, 171, 172, 188
virgata. 33, 39
Woollsii. 77, 171, 172

Ydisi. 25

EUCALYPTUS.

Liste synonymique des noms vulgaires et des noms botaniques.

Noms vulgaires.	Noms botaniques.	
Amand-leaved	*amygdalina*	31
Apple-tree	*Stuartiana*	31
Arbre à la fièvre	*Globulus*	173
Argyle-apple	*pulverulenta*	38
Bangalay	*botryoides*	36
Bastard-box	*bicolor*	33
Bastard-box	*longifolia*	33
Bastard-box	*polyanthema*	37
Bastard-box	*Stuartiana*	31
Bastard-box	*tereticornis*	45
Bastard-mahogany	*botryoides*	36
Bastard-mahogany	*marginata*	53
Beaked-gum	*rostrata*	37
Black-box-tree	*microtheca*	54
Black-butt	*ficifolia*	53
Black-butt	*hæmastoma*	44
Black-butt	*patens*	54
Black-butt	*persicifolia*	85
Black-butt	*pilularis*	49
Black-mountain-ash	*leucoxylon*	36
Blood-tree	*corymbosa*	38
Blood-wood	*corymbosa*	38
Blood-wood	*eximia*	38
Blood-wood	*marginata*	53
Blood-wood-tree	*terminalis*	82
Blue-gum	*botryoides*	36
Blue-gum	*diversicolor*	52
Blue-gum	*Globulus*	72
Blue-gum	*hæmastoma*	44
Blue-gum	*megacarpa*	57
Blue-gum	*tereticornis*	45
Blue-gum	*viminalis*	32
Blunt-leaved	*cneorifolia*	192
Box-tree	*amygdalina*	31
Box-tree	*brachypoda*	48
Box-tree	*hæmiphlœa*	44
Box-tree	*viminalis*	32
Brown-gum-tree	*robusta*	33
Brown-peppert-gum	*amygdalina*	31
Cider-eucalypt	*Gunnii*	72
Cider-tree	*Gunnii*	72
Culled-gum	*pilularis*	49

Noms vulgaires.	Noms botaniques.	
Dardogne	*fissilis*	57
Dark-iron-bark	*paniculata*	57
Diamant des forêts	*marginata*	53
Djaryl	*marginata*	53
Drooping-gum	*pauciflora*	71
Drooping-gum	*Risdoni*	73
Drooping-gum	*viminalis*	32
Dwarf-box	*brachypoda*	48
Flat-topped-yate	*occidentalis*	54
Flint-wood	*pilularis*	49
Flooded-gum	*decipiens*	53
Flooded-gum	*grandis*	192
Flooded-gum	*pauciflora*	71
Flooded-gum	*rudis*	54
Forest-mahogany	*longifolia*	33
Giant-gum-tree	*amygdalina*	31
Gimlet-wood	*salubris*	192
Goborro	*brachypoda*	48
Great-black	*pilularis*	49
Greater-iron-bark	*siderophlœa*	44
Grey-box	*polyanthema*	37
Grey-box-tree	*dealbata*	33
Grey-box-tree	*occidentalis*	54
Grey-gum	*resinifera*	37
Grey-gum	*saligna*	38
Grey-gum	*Stuartiana var. longifolia*	31
Grey-gum-tree	*Raveretiana*	192
Gros-red-gum	*rostrata*	132
Gum-top	*Sieberiana*	192
Gum-top	*virgata*	33
Heart-leaved	*cordata*	74
Hiccory	*resinifera*	37
Hiccory	*Stuartiana. var. longifolia*	31
Illyari	*erythrocorys*	53
Iron-bark	*bicolor*	33
Iron-bark	*crebra*	48
Iron-bark	*drepanophylla*	45
Iron-bark	*leucoxylon*	36
Iron-bark	*macrorrhyncha*	33
Iron-bark	*melanophlœa*	45
Iron-bark	*paniculata*	57
Iron-bark	*siderophlœa*	44
Iron-gum-tree	*Raveretiana*	196
Jarrah-mahogany	*marginata*	53
Karri	*diversicolor*	52
Large-iron-bark	*siderophlœa*	44
Large-tree	*media*	192
Lead-gum	*stellulata*	38

Noms vulgaires.	Noms botaniques.	
Leather-jacket	*punctata*	45
Leather-jacket	*resinifera*	37
Long-horned	*tereticornis*	45
Long-leaved	*longifolia*	33
Maalok	*platypus*	54
Mahogany	*marginata*	53
Mallee-oak	*persicifolia*	58
Mallee-scrub	*oleosa*	33
Manna-gum	*viminalis*	32
Marbled-gum	*maculata*	38
Messmate	*fissilis*	57
Messmate	*obliqua*	30
Morrell	*oleosa*	33
Mountain-ash-tree	*hæmastoma*	44
Mountain-white-gum-tree	*Gunnii*	73
Mountain-white-gum	*pauciflora*	71
Myrtle-leaved	*myrtifolia*	192
Narrow-leaved	*angustifolia*	109
Narrow-leaved-iron-bark	*paniculata var. longifolia*	58
Oblique-leaved	*obliqua*	30
Oblong-leaved	*oblonga*	192
Obtuse-flowered	*obtusifolia*	192
Olive-green-gum	*stellulata*	38
Pale-iron-bark	*resinifera*	37
Peach-leaved	*persicifolia*	58
Peppermint-gum	*viminalis*	32
Peppermint-tree	*amygdalina*	31
Peppermint-tree	*capitellata*	38
Peppermint-tree	*odorata*	57
Peppermint-tree	*pauciflora*	71
Peppermint-tree	*piperita*	33
Powder-bearing	*pulvigera*	192
Privet-like	*ligustrinum*	192
Red-box	*polyanthema*	37
Red-gum	*resinifera*	37
Red-gum	*rostrata*	120
Red-gum de Teuterfield	*rostrata var*	132
Red-gum-tree	*amygdalina*	31
Red-gum-tree	*calophylla*	52
Red-gum-tree	*melliodora*	30
Red-gum-tree	*odorata*	57
Red-gum-tree	*resinifera*	37
Red-gum-tree	*Stuartiana*	31
Red-gum-tree	*tereticornis*	45
Red-mahogany	*resinifera*	37
Red-mouthed	*hæmastoma*	44
Rigid-leaved	*rigida*	192
Risdon-gum	*Risdoni*	73
River-gum	*dealbata*	33
Rough-leaved	*scabra*	192

Noms vulgaires.	Noms botaniques.	
Salmon-barked-gum-tree	*salmonophlœa*	192
Shining-leaved	*populifolia*	49
Silver-leaved-iron-bark	*melanophlœa*	45
Slender-leaved	*stenophylla*	192
Small-flowered	*micrantha*	192
Small-fruited	*pilularis*	49
Small-headed	*capitellata*	38
Small-leaved	*microphylla*	134
Spear-wood	*doratoxylon*	53
Spiritous-iron-bark	*leucoxylon*	36
Spotted-gum	*citriodora*	38
Spotted-gum	*goniocalyx*	33
Spotted-gum	*hœmastoma*	44
Spotted gum	*maculata*	38
Stringy-bark	*amygdalina*	31
Stringy-bark	*capitellata*	38
Stringy-bark	*fabrorum*	38
Stringy-bark	*gigantea*	30
Stringy-bark	*obliqua*	30
Stringy-bark	*robusta*	33
Stringy-bark	*tetrodonta*	49
Sugar-gum-tree	*corynocalyx*	58
Swamp-gum	*Gunnii*	72
Swamp-gum	*paniculata*	39
Swamp-gum	*Risdoni*	73
Swamp-gum	*rudis*	54
Swamp-gum	*viminalis*	32
Swamp-mahogany	*botryoïdes*	36
Swamp-mahogany	*resinifera*	38
Swamp-mahogany	*robusta*	33
Tallow-wood	*microcorys*	77
Teuterfield	*rostrata var*	132
Thick-leaved	*incrassata*	82
Three-flowered	*triantha*	192
Touart-tree	*gomphocephala*	58
Turpentine-gum	*Stuartiana var. longifolia*	31
Wandou	*redunca*	134
Water-gum-tree	*Stuartiana*	31
Weeping-gum	*pauciflora*	71
Weeping-gum	*viminalis*	32
White-box	*albens*	33
White-box	*pauciflora*	71
White-gum	*amygdalina*	31
White-gum	*goniocalyx*	33
White-gum	*hœmastoma*	44
White-gum	*paniculata*	57
White-gum	*pauciflora*	71
White-gum	*saligna*	38
White-gum	*stellulata*	38
White-gum	*Stuartiana*	31
White-iron-bark	*paniculata*	57

Noms vulgaires.	Noms botaniques.	
White-iron-bark	*resinifera*	37
White-leaved	*pallens*	192
White-mahogany	*robusta*	33
White-mahogany	*triantha*	192
White-mallee	*dealbata*	33
White-peppert-gum	*amygdalina*	31
White-stringy-bark	*piperita*	33
Willow-leke	*saligna*	38
Woolly-butt	*longifolia*	33
Woolly-butt	*viminalis*	32
Yate-tree	*cornuta*	52
Yeit	*cornuta*	52
Yellow-box	*corymbosa*	38
Yellow-box	*leucoxylon*	36
Yellow-box	*melliodora*	30
York-gum	*loxophleba*	54

LISTE

des noms d'Auteurs cités dans cet ouvrage.

Ahumada (le Dr). 175
Albertis (Charles d') 42
Allan-Cunningham. 52
André (Edouard). 162, 166
Arlès-Duffour. 91, 127

Barbaroux. 101
Barrot (Ferdinand). 124
Beccari (Odoardo). 40
Bentham (Georges). 20, 22, 38, 44, 58, 112
Bernard (le Dr). 175
Berthelot. 172, 175
Bertherand (le Dr). 174, 175
Bevilacque (le Dr). 175
Bintz (le Dr). 175
Bonpland. 89
Bordier (le Dr). 175
Bossin. 156
Bouchereau. 165
Bouisson (le Dr). 116
Boucquoy (le Dr). 175
Bricheteau (le Dr). 176
Brunel (le Dr). 176
Bumoir (le Dr). 176
Burke. 46

Candolle (Pyramus de). 6, 20
Candolle (Alphonse de). 7, 38
Caraman (le Dr Thomas). 171
Carlotti (le Dr Regulus). 122, 176
Caruel (T.). 130
Carvallo (le Dr). 176
Castan (le Dr). 176
Chesnay (Comte de la). 101
Christ (le Dr). 105
Clavel (le Dr). 16
Cloez (le Dr). 173, 176
Colin (le Dr). 176
Cordier. 91, 125, 126, 193
Cosson (le Dr). 176
Curnow (le Dr). 176

Davrillon. 100
Darwin. 77
Decaisne. 21
Delchevalerie. 152
Demidoff (le Prince). 129
Denis. 100
Dognin. 92, 96, 108
Downe. 166
Duarte de Oliveira Junior. 153
Duparquet (le R. P. Ch.). 159, 162, 195

Epremesnil (le Comte d'). 92, 98, 111
Eydoux (le Dr). 176

Fabre (Esprit). 185
Fedeli (le Dr). 176
Fenzi (E.-O.). 130
Fillias (Achille). 128
Forrest (les Frères). 51

Gaillardot (C.). 152
Garzoni (Giuseppe). 131
Gennadius (P.). 151
Geoffroy Saint-Hilaire (Albert). 100
Giles (Ernest). 47
Gimbert (le Dr). 176
Giraud-Soulavie. 5, 6
Girou (le Dr). 176
Graells (M. de La Paz). 147, 148, 149
Graves (le Dr). 176
Greffrath (Henry). 63
Grisard (le Dr). 176
Gros. 91, 127
Gros (le Dr). 176
Gubler (le Dr). 174, 176
Guery. 120, 187
Guillaud (le Dr). 176
Guillemot. 152
Guilmeth (le Dr). 169

Hanbury (Thomas). 92, 109

Heer. 123
Hooker. 52, 59
Huber (Ch.). 92
Humboldt (Alexandre de). 6

Interlandi (le Dr). 176

Jagerschmidt. 127
Jeannel (le Dr). 113
Joly (Charles). 109

Karr (Alphonse). 103
Keller (le Dr). 176
King. 46

La Billardière. 8, 9, 19, 21, 49, 72
Lacaze (le Dr). 176
Laburthe. 122
Laigne (le Dr). 176
Lambert (le Dr). 176
Langlet (le Dr). 176
Lanzi (le Dr). 176
Lawrence. 71
Lecoq (Henri). 7
Leenhardt (Jules). 119
Lhéritier. 7, 19, 87
Linné. 5
Lorinser (le Dr). 176
Luciani (le Dr). 176
Lunaret (Léon de). 116, 117
Luton (le Dr). 176

Mac-Arthur (W.). 10, 172
Malingre (le Dr). 176
Mantegazza (le Dr). 176
Marès (le Dr Paul). 126, 127, 176
Martial (le Dr). 176
Martins (Charles). 5, 6, 18
Mazel. 92, 96, 101, 107, 108, 111, 117
Michon (le Dr). 176
Mercatelli (Raffaëllo). 130
Miergues (le Dr). 176
Moroselli (le Dr). 176
Muller (Ferdinand). 20, 22, 23, 29, 31, 32, 38, 52, 59, 79, 90, 106, 109, 112, 113, 124, 147, 154, 156, 168, 193

Nardy. 92
Naudin (Ch.). 8, 23, 24, 38, 87, 90, 91, 109, 110, 112, 113, 114, 121, 124, 147, 188, 193, 197
Nicolas (le Dr). 127, 176

Pain (le Dr). 174, 176
Papillon (le Dr). 176
Pauly (le Dr). 176
Penzig (O.). 133
Pini (le Dr). 176
Planchon. 120, 176
Pouchet (le Prof. Georges). 180

Ramel. 90, 124
Ramond (Louis). 6
Reale (le Dr). 176
Renard (le Dr). 176
Renouard. 101
Ricasoli (le Baron Vincenzo). 133
Ridolfi (le Marquis Carlo). 129
Ridolfi (le Marquis Cosimo). 128
Ridolfi (le Marquis Nicolas). 130
Righini (le Dr). 176
Rivière. 126, 195, 196
Robert. 8
Robustelli (le Dr). 176
Roussel (le Dr). 176
Ruisinol (le Dr). 176

Sacc (le Dr). 163, 169
Sacchero (le Dr). 176
Sanjust. 147
Saporta (de). 19
Saussure (Benedict de). 6
Schauer. 79
Schimper. 133
Schivardi (le Dr). 176
Schmid (G.). 188
Schouw. 7
Seizieu (le Baron de). 119
Sicard (le Dr Adrien). 176
Siemoni (Comm. Giov. Carlo. 132
Soares-Mendes (Joa-José). 154
Sousa-Pimentel (Carlos-Augusto de). 153, 154
Stuart (John). 46

Tasman. 59
Tedeschi (le Dr). 176
Tenore (au lieu de Cesati). 129
Terraciano (Nicolas). 136
Thogel (le Dr). 176
Thuret (Gustave). 91
Thuret (Henri). 91
Torregiani (le Marquis). 129
Tourasse (Paul). 107, 155
Tournefort. 5
Trichaud. 101
Tristany (le Dr). 173, 176
Trottier. 91, 124, 176, 193

Troubetskoy (le Prince P.). 112, 116, 117, 140
Turrel (le Dr). 176

Unger. 7, 17

Vallée. 175
Vauquelin (le Dr). 176
Vilmorin (Henry de). 111
Vilmorin (Louis de). 185

Wills. 46
Woolls (William). 73

Young (Arthur). 66

Zagiell (le Dr). 176

TABLE DES MATIÈRES.

Pages.

INTRODUCTION 1
La Géographie botanique 5
I. Les Eucalyptus 7
II. La Végétation en Australie 13
III. Historique de la découverte des Eucalyptus 19
IV. Aire géographique de l'indigénat des Eucalyptus 24
1° Colonie de Victoria 28
2° Nouvelle-Galles du Sud 33
3° Queensland 39
4° Australie septentrionale 45
5° Australie occidentale 49
6° Australie méridionale 54
7° Tasmanie 59
V. Classement des Eucalyptus à l'état indigène 74
1° Espèces atteignant de gigantesques proportions 75
2° — qui sont des arbres de dimension moyenne... 77
3° — qui, par leur petite taille, se rapprochent des arbrisseaux ou des arbustes 78
4° — aimant les terrains humides 80
5° — se contentant des terrains secs 81
6° — alpestres, c'est-à-dire vivant à de grandes altitudes 82
7° — les plus sensibles au froid 83
8° — résistant le mieux dans les sables du littoral de la mer 84
9° — indiquant un terrain aurifère 85
10° — classées selon la nature du sol qu'elles préfèrent 86
VI. Aire géographique de la culture des Eucalyptus 88
VII. Extension de la culture des Eucalyptus 98
1° Provence 99
2° Roussillon 113
3° Région de Montpellier 115
4° Corse 122
5° Algérie 123

6° Italie.. 128
7° Espagne.. 147
8° Autres parties de la région méditerranéenne......... 150
9° Portugal.. 152
10° Ouest de la France, Manche et Angleterre.......... 154
11° Régions éloignées.. 158
VIII. Utilité industrielle des Eucalyptus........................ 164
— — tirée du Bois........................ 164
— — — de l'Écorce........................ 168
— — — des Fleurs........................ 169
— — — des Feuilles........................ 171
IX. Propriétés hygiéniques et médicinales des Eucalyptus...... 172
X. Climatologie spéciale aux Eucalyptus........................ 176
XI. Acclimatation par sélection des espèces d'Eucalyptus....... 182
XII. Culture des Eucalyptus........................ 189
XIII. Conclusions.. 193
Liste des espèces d'Eucalyptus........................ 199
Liste des noms vulgaires d'Eucalyptus........................ 202
Auteurs cités dans cet ouvrage........................ 207
Table des Matières.. 211

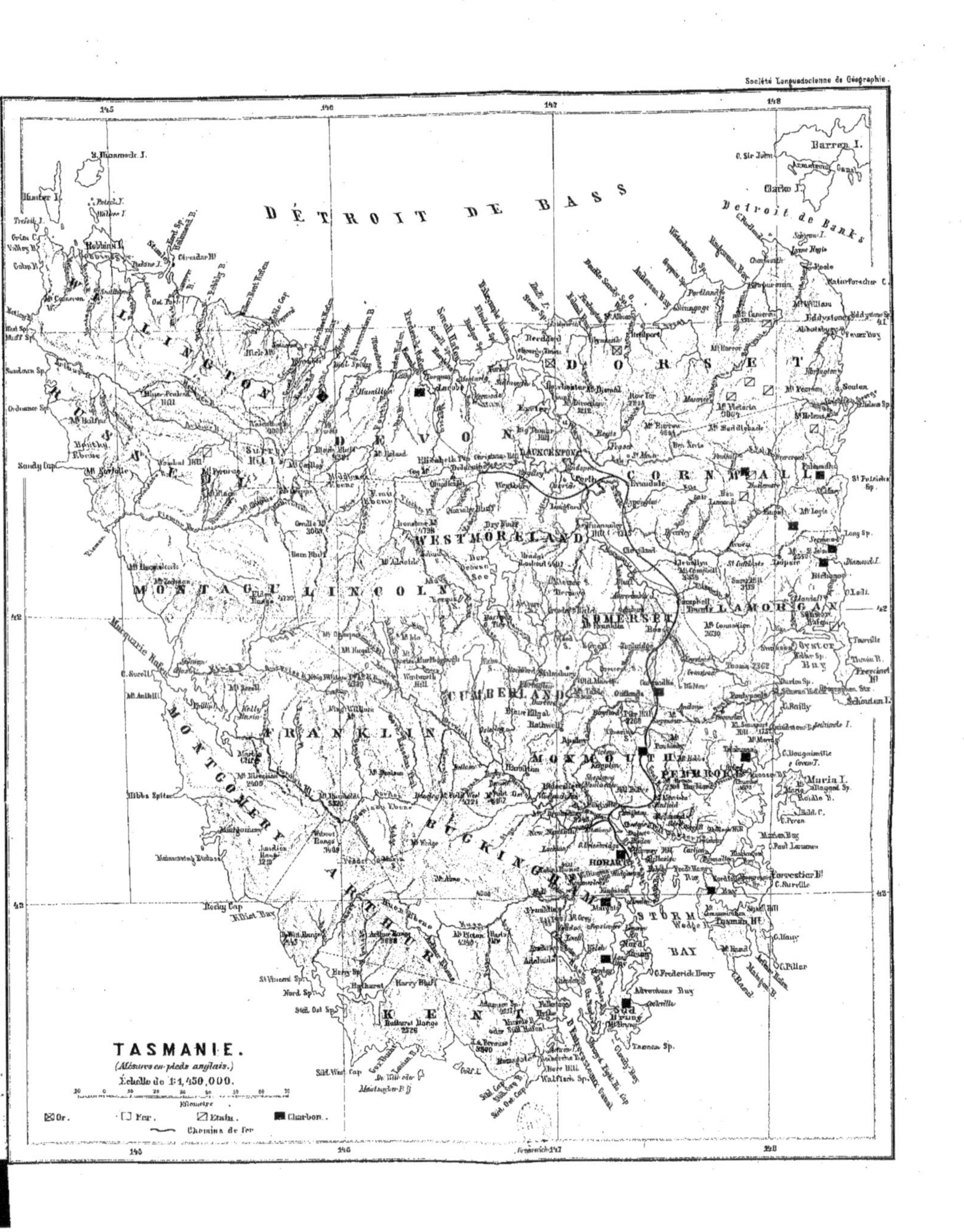

Société Languedocienne de Géographie.
TASMANIE.
(Mesures en pieds anglais.)
Échelle de 1:1,450,000.
Kilomètres
Or.
Fer.
Etain.
Charbon.
Chemins de fer
DÉTROIT DE BASS
Détroit de Banks
Barren I.
WELLINGTON
RUSSELL
DEVON
DORSET
CORNWALL
WESTMORELAND
MONTAGU
LINCOLN
GLAMORGAN
SOMERSET
CUMBERLAND
FRANKLIN
MONTGOMERY
MONMOUTH
PEMBROKE
BUCKINGHAM
ARTHUR
KENT
STORM BAY
Oyster Bay
LAUNCESTON
HOBART
Macquarie Hafen
Maria I.
Tasman Sp.
Sandy Cap
Rocky Cap
145
146
147
148
42
43

Eucalyptus globulus.

Sujet planté en 1867 et mesurant actuellement plus de 30 mèt. de haut sur 1m25 de diamètre chez feu M. Dognin, villa Amélie, près de Cannes (Alpes-Maritimes).

Montpellier.— Typographie CHARLES BOEHM.

www.ingramcontent.com/pod-product-compliance
Ingram Content Group UK Ltd.
Pitfield, Milton Keynes, MK11 3LW, UK
UKHW020212250726
13967UKWH00003B/1423

9 782011 341433